《中国大百科全书》青少年拓展阅读版

U0341259

深入地壳

奇妙的岩石学

中国大百科全书出版社

图书在版编目（CIP）数据

深入地壳·奇妙的岩石学／《中国大百科全书》青少年拓展阅读版编委会编．--北京：中国大百科全书出版社，2019.9

（中国大百科全书：青少年拓展阅读版）

ISBN 978-7-5202-0608-2

Ⅰ.①深… Ⅱ.①中… Ⅲ.①岩石学－青少年读物 Ⅳ.①P58-49

中国版本图书馆CIP数据核字（2019）第209343号

出 版 人：刘国辉
策划编辑：黄佳辉
责任编辑：程忆涵
装帧设计：WONDERLAND Book design
仙境 QQ:344581934
责任印制：邹景峰
出版发行：中国大百科全书出版社
地 址：北京阜成门北大街17号 邮编：100037
网 址：http：//www.ecph.com.cn 电话：010-88390718
图文制作：北京鑫联必升文化发展有限公司
印 刷：蠡县天德印务有限公司
字 数：100千字
印 数：1～10000
印 张：7.75
开 本：710mm×1000mm 1/16
版 次：2019年9月第1版
印 次：2020年1月第1次印刷
书 号：ISBN 978-7-5202-0608-2
定 价：31.00元

序

百科全书（encyclopedia）是概要介绍人类一切门类知识或某一门类知识的工具书。现代百科全书的编纂是西方启蒙运动的先声，但百科全书的现代定义实际上源自人类文明的早期发展方式：注重知识的分类归纳和扩展积累。对知识的分类归纳关乎人类如何认识所处身的世界，所谓"辨其品类""命之以名"，正是人类对日月星辰、草木鸟兽等万事万象基于自我理解的创造性认识，人类从而建立起对应于物质世界的意识世界。而对知识的扩展积累，则体现出在社会的不断发展中人类主体对信息广博性的不竭追求，以及现代科学观念对知识更为深入的秩序性建构。这种广博系统的知识体系，是一个国家和一个时代科学文化高度发展的标志。

中国古代类书众多，但现代意义上的百科全书事业开创于1978年，中国大百科全书出版社的成立即肇基于此。百科社在党中央、国务院的高度重视和支持下，于1993年出版了《中国大百科全书》（第一版）（74卷），这是中国第一套按学科分卷的大百科全书，结束了中国没有自己的百科全书的历史；2009年又推出了《中国大百科全书》（第二版）（32卷），这是中国第一部采用汉语拼音为序、与国际惯例接轨的现代综合性百科全书。两版百科全书用时三十年，先后共有三万多名各学科各领域最具代表性的专家学者参与其中。目前，中国大百科全书出版社继续致力于《中国大百科全书》（第三版）这一数字化时代新型百科全书的编纂工作，努力构建基于信息化技术和互联网，进行知识生产、分发和传播的国家大型公共知识服务平台。

从图书纸质媒介到公共知识平台，这一介质与观念的变化折射出知识在当代的流动性、开放性、分享性，而努力为普通人提供整全清晰的知识脉络和日常应用的资料检索之需，正愈加成为传统百科全书走出图书馆、服务不同层级阅读人群的现实要求与自我期待。

《〈中国大百科全书〉青少年拓展阅读版》正是在这样的期待中应运而生的。本套丛书依据《中国大百科全书》（第一版）及《中国大百科全书》（第二版）内容编选，在强调知识内容权威准确的同时力图实现服务的分众化，为青少年拓展阅读提供一套真正的校园版百科全书。丛书首先参照学校教育中的学科划分确定知识领域，然后在各类知识领域中梳理不同知识脉络作为分册依据，使各册的条目更紧密地结合学校课程与考纲的设置，并侧重编选对于青少年来说更为基础性和实用性的条目。同时，在条目中插入便于理解的图片资料，增加阅读的丰富性与趣味性；封面装帧也尽量避免传统百科全书"高大上"的严肃面孔，设计更为青少年所喜爱的阅读风格，为百科知识向未来新人的分享与传递创造更多的条件。

百科全书是蔚为壮观、意义深远的国家知识工程，其不仅要体现当代中国学术积累的厚度与知识创新的前沿，更要做好为未来中国培育人才、启迪智慧、普及科学、传承文化、弘扬精神的工作。《〈中国大百科全书〉青少年拓展阅读版》愿做从百科全书大海中取水育苗的"知识搬运工"，为中国少年睿智卓识的迸发尽心竭力。

本书编委会
2019 年 9 月

目录

第一章 概述

[一、岩石学]

研究岩石的成分、结构构造、产状、分布、成因、演化历史和它与成矿作用关系等的学科。地质学的分支。陨石、月岩等宇宙来源的岩石，也是岩石学的研究对象。岩石学常被分为岩理学和岩类学。岩理学主要研究岩石的成因，早期多指与火成岩有关的成因研究；岩类学主要是鉴定岩石的成分和结构构造，进行岩石特征的描述和分类，又称描述岩石学或岩相学。

简史 岩石学的历史可分为下列时期：

萌芽时期是在古代，岩石和矿物统称为"石"。最早有关矿物岩石性状的记载是中国的《山海经》和古希腊泰奥弗拉斯托斯的《石头论》。古希腊哲学家泰勒斯的"一切都来自水，又复归于水"论断，可以看作关于沉积岩思想的萌芽。

孕育时期是18世纪后半叶至19世纪初，德国地质学家 A.G. 维尔纳为首的弗赖堡学派倡导水成说，认为所有岩石都是混沌水的沉淀物。英国自然科学家 J. 赫顿于1788年提出了火成说，认为在地热的影响下形成的熔融物可经火山活动形成火山岩，或在深部结晶形成花岗质岩石。两派各以自己的观点排除对方，把所有的岩石基本看成是同一成因。1830年英国自然科学家 C. 莱伊尔提出岩石的成因分类，分为水成岩类、火山岩类、深成岩类和变质岩类。深成岩类包括花岗岩和片麻岩类。从"水火之争"到莱伊尔以多种成因观点代替单一成因观点的岩石分类，是岩石学孕育阶段的主要标志。

形成时期开始于19世纪中期至20世纪50年代。这一阶段，野外地质调查和区域性地质制图有了较大的发展，使得历史对比法在岩石学的各个领域得到了广泛的应用，厘定了各类岩石组合与其形成的地质环境的联系，加深了对岩石成因的了解。现代的显微岩石学，是从英国地质学家 H.C. 索比把偏光显微镜运用于砂岩、石灰岩和黏板岩的观察而开始的。德国的 F. 齐克尔在1866年《描述岩石学教科书》中，对岩石的许多亚类做了详细阐述。齐克尔1873年出版的《矿物和岩石在显微镜下特征》和 K.H.F. 罗森布施的《岩相学主要矿物在显微镜下结构》，奠定了显微岩石学的基础。19世纪末至20世纪早期，是岩石化学的形成时期。美国的 F.W. 克拉克和德国的 A. 奥桑是这方面的创始人。C.W. 克罗斯与美国的 H.S. 华盛顿等人合作研究从地表至10英里深处物质平均成分，发表了《火成岩平均成分》（1922）、《地壳成分》（1924）等重要著作，创造了 CIPW（四氏）岩石化学计算法。挪威岩石学家 J.H.L. 福格特用矿渣作材料进行高温熔融实验，说明硅酸盐中的共熔关系，确定矿物的结晶顺序，并把它运用于天然岩石。美国岩石学家 N.L. 鲍温在1928年发表《火成岩的演化》，提出了钙碱性岩浆中矿物析出的反应系列及其原理，习称"鲍温反应原理"，奠定了岩浆分异作用理论基础。在变质岩岩石学方面，挪威地球化学家 V.M. 戈尔德施密特和芬兰岩石学家 P.E. 埃斯克拉将物理化学中的相律运用于岩石学，创立了变质相的概念。

发展时期是在第二次世界大战结束以后，特别是20世纪50年代以来，通过国际性多学科地学研究活动的开展，板块构造学说兴起并不断发展，作为地质学科分支的岩石学进入了新的发展时期。X射线及电子显微技术的发展，使岩石、矿物内部结构研究进入微区领域；微量分析技术如光谱，X 射线荧光分析等的发展使稀土和微量元素定量成为可能，为某些成岩作用过程的研究提供了定量依据；质谱分析可以测定岩石和矿物中同位素组成，不仅提供了有关成岩作用的时间信息，对示踪岩浆演化、岩浆起源、岩石变质等原岩及其形成过程也都提供了重要信息；高温高压实验能测定的压力达到 108 帕，约合深度 600 千米以下，可以模拟上地幔某些岩石的形成。新技术、新方法的应用为地壳早期岩石、洋底和深部地幔岩石的研究，积累了大量资料，推动了现代岩石学理论的完善。过去的一元或二元原始岩浆论已转变为受大地构造环境控制而形成的多元岩浆的观点，洋中脊、裂谷带、活动大陆边缘和陆内环境都有不同的岩浆组合。关于岩浆演化除了岩浆分异作用、岩浆同化作用之外，岩浆混合的观点，也日益受到重视。板块构造理论对沉积岩岩石学也有显著影响，现代沉积岩石学理论认为大型沉积盆地和它们的沉积中心与板块运动有关，板块的相互作用和板块构造环境是沉积盆地演化和各种沉积相形成分布的关键。用现代沉积作用和水动力环境的实验模拟资料来解决古沉积环境问题是沉积岩石学研究的生长点。变质相和变质相系的研究初步奠定了变质作用和大地构造的联系，而地幔与地壳的相互作用所产生的热流是区域变质的根本原因。20 世纪 80 年代以来变质作用的温度 - 压力 - 时间轨迹的研究揭示了变质作用历史与地壳构造演化之间的关系。

分支学科　包括下列各学科：

火成岩岩石学是研究岩浆作用形成的岩石的成分、结构构造及其形成条件和演化历史的学科。又称岩浆岩岩石学。运用现代实验技术、物理化学、流体动力学等理论，阐明各类岩浆的演化运移和冷却结晶等过程，依据岩浆岩区域地质分布结合大地构造单元，总结各类岩浆岩自然组合的时空分布规律。

沉积岩岩石学是研究沉积物和沉积岩的组成、结构、构造和成因的学科。包括沉积物和沉积岩物质成分、粒度及其生物化石群落等的研究；判定沉积环境和沉积物的源区，从而阐明古地理条件和恢复古构造；根据碎屑物和基质的比例，根据矿物颗粒和有机组分的分选性，进行沉积物和沉积岩的分类；根据化学沉积物的特点判定水体化学性质和海水深度等。

变质岩岩石学是研究地壳内部发生的变质作用和变质岩的形成特点及其演变历史的学科。天体陨石对地球冲击引起的冲击变质亦属这一研究范畴。在地壳演化过程中，地幔、地壳的相互作用，引起区域热流和构造环境的变化，形成了一系列不同形变程度的变质岩。它们是变质作用在自然界的记录，是变质岩岩石学的主要研究对象。变质岩石学又可分为两个方向：①变质地质学。即研究变质作用与地壳演化的相互关系，包括变质体制、变质作用的地质环境，变质作用类型划分及其与地壳演化的联系等。②变质实验岩石学。研究变质反应的化学热力学和化学动力学问题，用以阐明变质作用的物理化学条件。

实验岩石学主要通过高温高压的实验手段来进行各种化学反应的温度压力的测定。研究矿物、岩石体系相平衡和动力学机理，从而研究地球深部的物质组成、状态和物相转变等。

工业岩石学用硅酸盐工艺学的方法来研究和开发与硅酸盐矿物有关的资源。又称工艺岩石学。

地幔岩石学是高温高压技术的发展，可以系统地测定 600 千米深度地幔岩的矿物组分及其变化，它与野外地质观察和深部地球物理研究相结合，来研究地幔岩。

宇宙岩石学研究月球及陨石等地球以外行星的岩石组成。

岩石化学研究岩石（特别是火成岩和变质岩）的化学特征及其应用。又称化学岩石学。主要研究火成岩的酸度、碱度、铝饱和度；火山岩的系列类型；火成岩的矿物组合及含量，以及分类命名；岩浆演化机理；岩浆及火成岩的物理化学条件；火成岩的成因；火成岩与板块构造的关系和与矿产的关系等。

构造岩石学主要用岩组学、显微构造和构造学方法来研究岩浆岩侵入体和变质岩形成过程中构造形变。

与其他学科的关系　岩石的形成与形成时的地质环境密不可分。岩石建造是地质环境的一种表现。为了阐明地质环境，区域地质学、大地构造学、构造地质学和地层学的研究是必不可少的知识；矿物学和地球化学可以阐明岩石中主要造岩矿物和元素迁移变化的规律，它们与化学热力学和化学反应动力学相结合，可以说明岩石形成过程中可能的物理化学作用过程，以及岩浆发生的可能原岩。宇宙岩石学可以看作岩石学与天文学之间的联系环节，而地幔岩石学可以看作岩石学与地球物理学之间的桥梁，这两个分支学科扩大了岩石学研究的时空范围，所研究的深度可达600千米的地幔，时间可以上溯到40亿年左右，其研究成果为研究地球早期演化提供了基础资料。

存在的问题和展望　作为自然体系的岩石组合，其成因是复杂的，受诸多因素所制约，并且与地壳演化有着密切的联系。有成效的岩石学研究，一方面要摆脱传统观点的束缚，从单纯岩石的描述中解放出来；另一方面也要防止简单化的趋向，把复杂的成因问题纳入简单的成因模式。要掌握更多的岩相学、区域地质学资料，充分搞清各种岩石之间的野外关系，加强岩石组合和岩石的物质组分（包括矿物学和地球化学）的研究，从而进一步引出客观存在的形成条件和岩石构造历史，并从物理化学基础理论来阐明其内在联系和发生的根本原因。此外，从全球构造观点，总结分析岩浆建造、变质建造和沉积建造的时空分布规律，这些将是岩石学的基本任务。

[二、岩石]

矿物的天然集合体。俗称石头。主要由一种或几种造岩矿物按一定方式结合而成，部分岩石是由火山玻璃或生物遗骸构成。岩石是构成地壳和地幔的主要物质，是在地球发展的一定阶段、经各种地质作用形成的固态产物。陨石和月岩虽然来自天体，它们是天体地质作用的产物，也属于岩石的范畴。

在人类进化和文明中，岩石具有重要意义。当人能够用手把第一块石头做成石刀的时候，终于完成了从猿到人转变的决定性的一步。从人类进入第一个文明

第一章

5

概述

时期——石器时代起，岩石一直是人类生活和生产的重要材料和工具。现代，岩石仍是农田、水利、建筑、交通、化工、矿业等经济部门施工的对象和开采利用的资源。

岩石按其形成过程，分为火成岩（又称岩浆岩）、沉积岩和变质岩三大类。①火成岩。熔融物质（一般为岩浆）在地下或喷出地表后冷凝形成的岩石，如花岗岩、玄武岩等。②沉积岩。风化作用、生物作用或某种火山作用形成的产物经搬运、沉积和石化作用在地表或接近地表条件下所形成的岩石，如页岩、砂岩、石灰岩等。③变质岩。原先存在的岩石，一般在温度、压力升高条件下，矿物成分、结构构造经改造而形成的岩石，如片岩、片麻岩、大理岩、糜棱岩等。根据岩石的性质可以判断其形成的过程，所以岩石是成因信息的载体。金伯利岩因含有金刚石，说明其来自地幔，被称为地幔之窗。人们认识到火星上曾经有水，其证据之一便是因为火星轨道摄像机（MOC）发现其上有硬结的明显呈层状的沉积岩。

三大类岩石的分布情况各不相同。沉积岩主要分布在大陆地表，约占陆壳面积的75%。距地表越深，则火成岩和变质岩越多。地壳深部和上地幔，主要由火成岩和变质岩构成。火成岩占整个地壳体积的64.7%，变质岩占27.4%，沉积岩占7.9%。其中玄武岩和辉长岩又占全部火成岩的65.7%，花岗岩和其他浅色岩约占34%。

岩石作为天然物体具有特定的密度、孔隙度、抗压强度和抗拉强度等物理性质，它们是建筑、钻探、掘进等工程需要考虑的因素。此外，岩石受应力发生变形。岩石所受应力超过其弹性限度后，则发生塑性变形。自然界的糜棱岩主要就是塑性变形产物。一些工程中岩石长期荷载，也会造成蠕变和塑性流动。温度和围压（上覆岩石的负荷）增高，有利于塑性变形的发生。如果应力继续增加，则岩石发生破裂。

组成岩石的矿物主要是硅酸盐矿物（如长石、云母、角闪石、辉石、橄榄石）和石英；其次是各种氧化物矿物（如磁铁矿、钛铁矿、金红石）、碳酸盐矿物（如方解石、白云石）、磷酸盐矿物（如磷灰石）；有时含某些硫化物、硫酸盐或含

常见岩石的某些物理性质

岩石类型	密度 (g/cm³)	孔隙度 (%)	干抗压强度 (kg/cm²)	抗拉强度 (kg/cm²)
火成岩：花岗岩	2.5～2.8	0.3～1.5	1500～2100	20～100
闪长岩	2.7～3.0	0.5±	2300～2700	
玄武岩	2.2～3.0	1～30	1500～2000	77
沉积岩：砂　岩	1.9～2.5	1～10	900～2000	20～60
页　岩	1.9～2.4	2.5～8	500～600	13～30
石灰岩	2.2～2.7	1～15	700～1600	5～15
变质岩：大理岩	2.6～2.8	0.5～2	700～2000	50～90
石英岩	2.64±	0.5±	1500～2400	
板　岩	2.7～2.85	4±	600～1400	

稀有、稀土、放射性或贵金属元素的矿物，或者具特种性质的矿物（如金刚石）。具经济价值或贵金属元素的矿物，在岩石中局部富集，达到可供开采和利用的质量和规模时即为矿产。各种金属和非金属矿产以及能源资源，绝大多数赋存在各类岩石中，并与岩石的成因有联系。所以，岩石是各类矿产的载体和巨大能库。

第二章 火成岩岩石学

［一、火成岩］

由熔融岩浆直接冷却固结形成的各种结晶质或玻璃质岩石。又称岩浆岩。是从地壳深处或上地幔产生的高温熔融岩浆，受到地质构造作用的影响，在地下一定深处或喷出地表后冷却形成的。它是三大岩石类型之一（另两类是沉积岩和变质岩）。有人认为火成岩与岩浆岩是同义语，但实际上它们不完全相同。因为火成岩一词包括一些由非岩浆作用形成的外貌和成分与岩浆岩基本相同的岩石。这种岩石往往由深变质作用形成，特别是花岗岩类常见。

化学成分　几乎包括了地壳中所有的化学元素，按其含量、地球化学行为和在火成岩中的意义，可分为主要造岩元素、微量元素、稀土元素和同位素等种类。火成岩中主要的元素有 12 种，即氧、硅、铝、钛、铁、锰、镁、钙、钠、钾、氢和磷。这些元素占火成岩的总重量达 99% 以上，属主要造岩元素。其中前 10 种元素含量最多，占火成岩总重量的 99.25%，并以氧的含量最高，约占总重量的 47%。火成岩的成分一般以元素的氧化物表示，SiO_2、Al_2O_3、TiO_2、FeO、Fe_2O_3、MgO、CaO、Na_2O、K_2O、P_2O_5 等含量占火成岩的平均化学成分达 99.5%（重量百分比），并在各类火成岩中均有出现。各种主要氧化物含量有一定变化范围，如 SiO_2 多为 34%～75%，少数可达 80%，Al_2O_3 为 0～20%，MgO 为 2%～35%，有些可达 35% 以上，CaO 为 0～15%，少数可达 23%，$FeO+Fe_2O_3$ 为 0～15%，FeO 一般高于 Fe_2O_3，Na_2O 为 0～10%，少数可接近 20%，K_2O 为 0～10%，某些火成岩中可达 18%，且往往是 $Na_2O > K_2O$。TiO_2 一般小于 5%，MnO 小于 2%，多数为 0～0.3%，P_2O_5 小于 3%，一般为 0～0.5%。SiO_2 是火成岩中一种很重要的氧化物，其含量多少反映火成岩的酸度、基性程度和 SiO_2 的饱和度，SiO_2 含量还是火成岩分类的重要依据。

矿物成分　是火成岩分类的重要依据，组成火成岩的矿物称为造岩矿物，自然界中造岩矿物有千百种，但常见的主要造岩矿物仅有 20 多种，如石英、长石（正长石、微斜长石、钠长石、更长石、中长石、拉长石）、黑云母、角闪石、辉石、橄榄石、霞石、白榴石、磁铁矿、钛铁矿、磷灰石、锆石、榍石等。其中以长石类最多。根据这些矿物的成分，又可分为硅铝矿物（又称浅色矿物）和铁镁矿物（又称暗色矿物）。浅色矿物包括石英、长石类、似长石类，其成分以硅铝为主，不含或含很少的铁镁成分，故矿物颜色都很浅。暗色矿物包括橄榄石类、辉石类、角闪石类、黑云母类，其成分含铁镁较高，故其颜色一般较深。暗色矿物在火成岩中体积含量的百分数，称为火成岩的色率，又称颜色指数。一般火成岩的标准色率是：超基性岩为 90，基性岩为 50，中性岩为 30，酸性岩为 10，在此数值基础上可有 10 左右的变化范围。

按造岩矿物在火成岩中的含量和对火成岩分类命名所起的作用，又把造岩矿物分为主要矿物、次要矿物、副矿物三类。主要矿物在火成岩中含量最多，是确定岩石大类名称的主要依据，含量常大于 15%。如花岗岩类中石英和长石是主要矿物。次要矿物是岩石中含量少于主要矿物的矿物，一般含量约 5%～15%，对决定岩石的大类名称没有影响，而对火成岩进一步划分种属则是主要依据。黑云母或角闪石，常是花岗岩中的次要矿物。副矿物在岩石中含量小于 1%～2%，在岩石的分类命名中一般不起作用，但其含量或在研究某些问题方面有一定意义时也可影响岩石的命名，如锆石型花岗岩，电气石花岗岩等。常见的副矿物有磁铁矿、钛铁矿、磷灰石、锆石、榍石等。

火成岩的矿物按其成因又可分为三种类型，即原生矿物、他生矿物、次生矿物。原生矿物是由岩浆冷却过程中直接结晶的矿物。他生矿物是岩浆同化了围岩或捕虏体而形成的矿物，如花岗质岩浆同化了泥质围岩，可形成一些富铝的他生矿物，如董青石、红柱石、夕线石等。次生矿物是火成岩受地表风化而形成的新矿物，又称表生矿物。

火成岩的结构　组成火成岩的矿物的结晶程度、颗粒大小、自形程度和矿物之间的互相关系。根据岩石中结晶质与非结晶质（玻璃）的比例，可把结构分为三种类型：①全晶质结构，岩石由全部结晶的矿物组成。表明岩浆是在温度缓慢下降的条件下结晶的，多见于深成火成岩中。②半晶质结构，岩石由部分结晶矿物和部分未结晶的玻璃质组成，表明岩浆降温较快，多见于浅成岩和部分喷出岩中。③玻璃质结构，岩石全部或几乎全部由非结晶的玻璃质组成，是在岩浆快速降温下固结而成，主要见于喷出岩、超浅成侵入岩或侵入岩体的边部。

根据组成火成岩主要矿物的粒径大小和肉眼下可辨认的程度先分为两类结构：①显晶质结构，是肉眼观察时可辨别矿物的颗粒者。按主要矿物粒径的绝对大小又可分为巨粒(伟晶)结构(粒径大于10毫米)，粗粒结构(粒径大于5毫米)，中粒结构（粒径 5～2 毫米），细粒结构（粒径 2～0.2 毫米），微粒结构（粒径小于 0.2 毫米）。②隐晶质结构，是指矿物颗粒很细，肉眼无法分辨出矿物颗粒者。岩石外貌致密，常有弧面断口，是浅成岩常见的结构。

按照矿物颗粒的相对大小，又可分为等粒结构、不等粒结构、斑状结构和似斑状结构。等粒结构指火成岩中同种主要矿物的粒径大小基本相等。不等粒结构是指岩石中同种主要矿物粒径大小不相等。斑状结构是指岩石中矿物粒径分属大小不同的两群，中间基本没有过渡的粒径，粒径大的矿物称为斑晶，小的矿物（隐晶质）或不结晶的玻璃质称为基质。似斑状结构是指斑状结构中的基质是显晶质，矿物粒径较粗，肉眼容易看清楚矿物颗粒，有的可达到中-粗粒程度。似斑状结构多在浅成岩和部分深成岩中见到。

火成岩分类表

酸度／碱度／岩石类型／基本特征	超基性岩				基性岩			中性岩			酸性岩	
	钙碱性	偏碱性	过碱性		钙碱性	碱性	过碱性	钙碱性	钙碱性-碱性	过碱性	钙碱性	碱性
岩石类型	橄榄岩-苦橄岩类	金伯利岩类	霓霞岩-霞石岩类	碳酸岩类	辉长岩-玄武岩类	碱性辉长岩-碱性玄武岩类		闪长岩-安山岩类	正长岩-粗面岩类 二长岩-粗安岩类	霞石正长岩-响岩类	花岗岩-流纹岩类	
SiO_2(重量)（<45）	38～45	20～38	38～45	<20	45～53			53～66			>66	
K_2O+Na_2O(重量%)	<3.5		>3.5		平均3.6	平均4.6	平均7	平均5.5	平均9	平均14	平均6～8	
σ值					<3.3	3.3～9	>9	<3.3	3.3～9	>9	<3.3	3.3～9
石英含量(体积%)	不含				不含或少含	不含		<20		不含	>20	
似长石含量(体积%)	不含	不含	含量变化大	可含	不含	不含或少含	>5	不含	不含或少含	5～50	不含	
长石种类及含量	不含	不含	可含少量碱性长石		以基性斜长石为主	以碱性长石及碱性斜长石为主，也可有中长石、更长石		中、斜长石，含中性长石	碱性长石为主，可含中性长石	碱性长石	碱性长石及中酸性斜长石	碱性长石
铁镁矿物种类	橄榄石、斜方辉石、单斜辉石为主，角闪石次之	橄榄石、透辉石、镁铝榴石、金云母	碱性暗色矿物		以辉石为主，可含橄榄石、角闪石	单斜辉石为主（含钛普通辉石、碱性辉石），橄榄石也较多		角闪石为主，辉石、黑云母次之	碱性辉石、碱性角闪石为主，富铁云母次之	黑云母为主，角闪石次之，碱辉石较少	碱性角闪石、富铁黑云母为主，碱性辉石次之	
色率	>90		30～90		40～90			15～40			<15	
代表性侵入岩 深成岩（全晶质、中粗粒、似斑状）	纯橄榄岩、橄榄岩、二辉橄榄岩、辉石岩				辉长岩、苏长岩、斜长岩	碱性辉长岩		闪长岩	二长岩；正长岩、碱性正长岩	霞石正长岩	花岗岩、花岗闪长岩	碱性花岗岩
代表性侵入岩 浅成岩（全晶质、中细粒、斑状）	苦橄玢岩	金伯利岩	霓霞岩磷霞岩	碳酸岩	辉绿岩／辉绿玢岩	碱性辉绿岩／碱性辉绿玢岩		闪长玢岩	二长斑岩；正长斑岩	霞石正长斑岩	花岗斑岩、花岗闪长斑（玢）岩	霓细花岗岩
代表性喷出岩	苦橄岩、玻基橄榄岩、科马提岩	玻基辉橄岩	霞石岩	碳酸熔岩	拉斑玄武岩、高铝玄武岩	碱性玄武岩	碱玄岩、碧玄玄岩-白榴岩	安山岩	粗安岩；粗面岩、碱性粗面岩	响岩	流纹岩、英安岩	碱性流纹岩、碱流岩

注：脉岩、火山碎屑岩未列入表内。 $^*\sigma = \dfrac{(K_2O+Na_2O)^2}{SiO_2-43}$

依据矿物的自形程度可分为：①全自形粒状结构。指组成岩石的矿物各个晶面发育完善。这种结构在火成岩少见。②半自形粒状结构。指组成岩石的矿物部分晶面发育完善，部分发育不完善，这种结构在火成岩中最常见。③全他形粒状结构。指组成岩石的矿物基本无完整的晶面发育，形成不规则外形的矿物颗粒，这种结构在火成岩中也不多见。

根据组成岩石的矿物之间的互相关系，又可分出不同结构，常见的有文象结构、条纹结构、蠕虫结构、反应边结构、包含结构。文象结构是具有一定规则形态特征的石英有规律地交生在钾长石中，这些石英成嵌晶状，在正交偏光下同时消光。肉眼能看清楚的称文象结构，只能在显微镜下才能看清楚的，称为显微文象结构。条纹结构是钠长石成条纹状与钾长石交生所形成。形似蠕虫状的石英颗粒生长在酸性斜长石中则形成蠕虫结构。反应边结构是先结晶的矿物与熔浆发生反应，在先结晶的矿物周边形成一圈成分不同的新矿物。如橄榄石周边常有斜方辉石、角闪石反应边矿物的形成。较大的矿物晶体中包含了一些其他矿物小的晶体称为包含结构，又称嵌晶结构。有些浅成侵入岩，脉岩还有辉绿结构、煌斑结构、细晶结构。上述的各种结构，多是火成侵入岩中常见的。

火成岩的构造　组成火成岩不同矿物集合体之间或矿物集合体与岩石其他组成部分之间的排列方式或充填空间的方式所构成的岩石特点。常见的构造有以下几种：①块状构造，一种均匀构造，组成岩石的矿物在岩石中均匀无序地分布，是火成岩中最常见的构造。②条带状构造，一种不均匀构造，指岩石中不同成分、颜色、结构形成有规律的条带状分布，常见于层状辉长岩中。③斑杂构造，一种不均匀构造，岩石的不同部位，在颜色、矿物成分或结构构造上有明显的差别，整个岩石外貌具复杂的斑块状。④球状构造，由矿物围绕某个中心结晶成球体或椭球体状，其中有些矿物可呈放射状排列。⑤晶洞构造，在侵入岩中发育出一些原生的近圆状或椭圆状的孔洞。若在晶洞壁上生长一些自形程度好的矿物，可称晶簇构造或晶腺构造。⑥流面流线构造，岩石中片状、板状矿物和扁平状析离体、捕房体平行定向排列形成流面构造，而一些针状、长柱状、纤维状矿物定向平行排列形成流线构造。⑦气孔构造，岩浆中含有较多的气体，岩浆冷却后气体逸去留下的空洞。常见于喷出岩中。⑧杏仁构造，岩石中气孔被后来的物质如硅质、方解石、绿泥石等充填形成似杏仁状的物体。⑨枕状构造，岩浆从海底喷发或是陆上喷发的岩浆流入水体中而形成的一种熔岩枕状体，外形多为椭球状、面包状。枕体外表有冷凝边、内部有同心圆状或放射状的气孔分布，中心有时形成空腔。多见于基性海相火山岩中。⑩流纹构造，不同岩浆成分、不同颜色、不同结构构造形成较细、较规则、延续性好的一些条纹在岩石上定向平行排列的现象，常见于流纹岩中。⑪珍珠构造，酸性火山玻璃在快速冷却或水化过程产生张应力而产生弧形或同心圆状的裂纹，形成许多小豆状的玻璃质球状裂开。⑫柱状节理构造，在较厚层的熔岩中形成一些垂直于层面生长的规则柱体，柱体形状多为三角形、五角形、六边形，也有四边形、七边形的。其成因一般认为是由于岩浆均匀缓慢冷却收缩形成的。

火成岩产状　反映火成岩在自然条件下产出的状态。其内容包括火成岩产出的形态、岩体大小、与围岩的接触关系。火成岩产状包括侵入体的产状和火山岩（又称喷出岩）的产状。侵入体产状常见的有岩床、岩盆、岩盖、岩脉、岩株、岩基等。火山岩产状与喷发类型有密切关系，常见的火山岩产状有火山锥、熔岩流、熔岩被、岩钟、岩针等。

火成岩产状立体示意图

火成岩岩相　　在不同条件和环境下形成的火成岩体岩石总的特征。主要包括形成时的温度压力、矿物组合、结构构造等特征。可分为侵入岩相和火山岩相。侵入岩相常划分为深成相和浅成相。深成相多形成在3千米以下，浅成相主要形成在0～3千米的深度。火山岩相主要的有溢流相、爆发相、侵出相、火山颈相、潜火山相、火山沉积相。

火成岩分类　　自然界火成岩种类很多，已认识的有1000多种，为了研究和应用，需对火成岩有一个合理和科学的系统分类。已有的分类方法有多种，常用的分类主要考虑火成岩的化学成分、矿物成分、结构构造和产状特征。最常用的是三种分类方法：①根据SiO_2的含量，把火成岩分为四大类，即超基性岩类（SiO_2小于45%），基性岩类（SiO_2 45%～53%），中性岩类（SiO_2 53%～66%），酸性岩类（SiO_2大于66%）。每一大类又根据K_2O+Na_2O的总含量划分为钙碱性岩类（钙碱性岩系列），碱性岩类（碱性岩系列），过碱性岩类（过碱性岩系列，酸性岩无此系列）。②根据火成岩的主要矿物成分及含量，普遍使用的矿物分类法是1972年国际地科联火成岩分类会上推荐的矿物定量分类命名法。主要考虑了斜长石、碱性长石、石英、似长石和铁镁矿物及其含量。③根据火成岩的产状和结构构造，又可分为侵入岩和喷出岩类，侵入岩类根据其形成的深度又分为深成侵入岩（形成于3千米以下）和浅成侵入岩（形成于0～3千米）。喷出岩类包括火山熔岩类和火山碎屑岩类。

火成岩与矿产　　许多金属和非金属矿产，稀有、稀土、放射性等矿产大多蕴藏在火成岩中，或与火成岩在成因和时空上有密切的关系。超基性岩类多与铬、铂矿床有关，基性岩类多与钒钛磁铁矿、铜镍矿床有关，中酸性岩类多与夕卡岩型的铜、铁矿关系密切。与花岗岩有关的多金属矿有钨、铍、铌、钽、锂、铀、铜、金、钼、铅、锌等，碱性岩类中常有丰富的稀有和稀土元素矿床。花岗岩等各种火成岩常常是高级的装饰石材和建材，酸性火山岩可做良好的保温、隔音原材料。玄武岩的气孔中常形成有价值的冰洲石和玛瑙。玄武岩和辉绿岩还是铸石和生产岩棉的主要原料，也是生产水泥的配料。

[二、岩浆]

地球内部上地幔和地壳深处自然形成的炽热熔体，具有一定黏度，成分复杂，是形成多数火成岩和内生矿床的母体。通过对近代火山喷发活动和对古代火山喷发物的研究，以及成岩实验，对岩浆的物质成分和物理性质有了较多的了解。

成分　岩浆的成分比较复杂，但主要为硅酸盐和部分挥发物。此外，还有少量以碳酸盐、金属氧化物、金属硫化物为成分的岩浆，有人将这种岩浆称为矿浆。硅酸盐成分中主要为氧元素，其次是硅元素和其他多种元素，可以说在地球中存在的各种元素，在硅酸盐岩浆中均可找到。但各种元素的含量相差很大，其中氧、硅、铝、钛、铁、锰、镁、钙、钠、钾、氢、磷等 12 种元素含量最多，占总量达 99％以上，称为主要造岩元素。这些元素各以不同的形式和硅氧四面体组成多种状态的络阴离子团，这些离子团的凝聚状态变化影响着岩浆活动的特点。岩浆中含挥发分的数量一般小于 6％，主要为 H_2O，含量可达挥发分总量的 60％～90％，常以蒸汽状态存在；其次还有 CO_2、CO、SO_2、Cl、H_2S、N_2、F 等。挥发分的含量直接影响岩浆活动的状态。地下深处由于压力大，挥发分溶解在岩浆中，而一旦岩浆喷出地表，压力迅速降低，挥发分从岩浆中释放，形成火山喷气或岩浆岩的气孔。岩浆中的挥发分还可降低岩浆中矿物的熔点，减小岩浆的黏度，增大岩浆的流动性，常常促使某些有用元素富集成矿。

物理性质　岩浆的物理性质主要取决于形成的温度和黏度。

①温度。岩浆的温度可直接从现代火山喷出到地表的岩浆测定，或通过间接的方法计算出温度的近似值。岩浆的温度一般在 700～1300℃之间，不同成分的岩浆其温度也有差别。玄武质岩浆的温度为 1000～1300℃，安山质岩浆为 900～1000℃，流纹质岩浆为 700～900℃。同种成分的岩浆，含挥发分的多少其温度也有明显差别。如流纹质岩浆，不含挥发分（主要为水）时其熔点可高达 1000℃左右，而含水达 9％时，岩浆的温度即可降至 600～700℃。

②黏度。岩浆的黏度影响着岩浆的运移和喷发的特点，岩浆的黏度与岩浆所含的氧化物、挥发分及岩浆的温度、压力有密切关系。岩浆中 SiO_2、Al_2O_3 和 Cr_2O_3 的存在，可使岩浆的黏度加大，尤以 SiO_2 的含量多少影响最显著，其次是 Al_2O_3 的含量。一般 SiO_2 和 Al_2O_3 的含量愈高，岩浆的黏度愈大；而 Fe、Mg、Ca、Ti、Sr、Ba、Li 的含量越高，则岩浆黏度越小。岩浆黏度大，其流动性差，常常形成强烈爆炸性的火山喷发；而黏度小岩浆易于流动，可形成大面积的火山熔岩流。如玄武质岩浆因含 SiO_2 和 Al_2O_3 低，所以黏度小，岩浆流速大。如夏威夷火山喷出的玄武质岩浆，当温度在 1100℃、自然坡度为 2° 时，其流速可达每小时 60 千米，平均为每小时 1000 米，最慢每小时也达 400 米；而流纹质岩浆，因含 SiO_2 和 Al_2O_3 高，所以黏度大，流动速度比玄武质岩浆要慢得多。挥发分中的 H_2O 是影响岩浆黏度的主要因素，H_2O 含量多，岩浆黏度小，反之黏度增大。温度和压力对岩浆的黏度也有明显的影响，温度升高，岩浆黏度降低；当温度降低，黏度则升高。压力的影响与温度的作用相似，当压力增大时，岩浆的黏度显著降低，另外压力增加时挥发分在岩浆中的溶解度增加，从而也降低了岩浆的黏度。所以不同成分的岩浆黏度的大小，受压力影响的程度也有所不同。

分类　岩浆可分为原生岩浆、母岩浆、派生岩浆。原生岩浆是由上地幔或地壳岩石经熔融或部分熔融形成的其成分未经变化的岩浆。母岩浆能通过各种作用（如分异作用、同化作用、混合作用等）产生出派生岩浆的独立熔体。所以原生岩浆可以是母岩浆，而母岩浆不一定是原生岩浆。"原始岩浆"一词曾有人用过，因含义不够确切，一般不使用。原生岩浆经过一系列演化作用形成各种新的岩浆，称为派生岩浆，派生岩浆可形成多种多样的火成岩。

对原生岩浆的种类，曾有过不同的认识，20 世纪 30 年代，以美国岩石学家 N.L. 鲍温（1928）为代表，认为自然界只有一种玄武质原生岩浆，即为一元论，其他的岩浆均由玄武质岩浆演化派生形成的。后来以俄国的 F.Yu. 列文生 - 列星格和美国的 R.A. 戴利等为代表的岩石学家认为原生岩浆有两种：一是玄武质岩浆；另一种是花岗质岩浆，即为二元论。近年来的研究认为原生岩浆可以有多种。按其成分可分为超基性金伯利岩质岩浆，基性拉斑玄武质岩浆、碱性橄榄玄武质岩浆、科马提岩浆、中性安山质岩浆、酸性花岗质岩浆、碳酸盐质岩浆等，即所谓多元论，这种认识更客观和合理。

形成　地球上形成原生岩浆的地方主要有三处：上地幔、大陆地壳的下部和板块消减带地区。

①上地幔中岩浆的形成。上地幔主要由铁镁硅酸盐矿物组成，相当于超镁铁质岩石。1966 年 A.E. 林伍德认为这种成分大致上与 3 份阿尔卑斯型橄榄岩和 1 份夏威夷型玄武岩的成分混合物相当，并把这种成分的岩石称为地幔岩，它与二辉橄榄岩成分相似。现认为在地表或地壳浅处看到的尖晶石二辉橄榄岩、石榴石辉石岩、石榴二辉橄榄岩、榴辉岩等深源包体和阿尔卑斯型方辉橄榄岩和纯橄榄岩等都是地幔岩的残块，是上地幔岩石的组成部分。如方辉橄榄岩和纯橄榄岩，一般认为是原始地幔岩经熔出玄武质岩浆后的难熔固相残留物。因组成地幔的这些岩石成分上的差别，故地幔岩经部分熔融后形成的原生岩浆成分也不同。若上地幔岩发生部分熔融源区的岩石是无水的地幔岩，所处部位小于 15 千米，压力小于 0.5 吉帕，发生部分熔融时，就会形成石英拉斑玄武岩浆；如所处深度为 15 ～ 35 千米，压力为 0.5 ～ 1.0 吉帕，就会形成高铝橄榄拉斑玄武岩浆；如深度

岩浆形成示意图

为 35～70 千米，压力为 1～2 吉帕就会形成碱性橄榄玄武岩浆；如在 70～100 千米深处，压力为 2～3 吉帕，就会产生苦橄质拉斑玄武岩浆。若源区上地幔岩含有少量的水，其初始部分熔融的温度会低许多。同样是 15 千米以内的深度和相同的压力，由于部分熔融程度不同，就可形成各种不同的岩浆。如部分熔融程度等于或少于 15％时，可产生石英拉斑玄武岩浆；熔融程度达 20％时，即可形成橄榄拉斑玄武岩浆；熔融程度达 30％时，可形成苦橄质拉斑玄武岩浆。随着深度的增加和不同熔融程度的变化，还可形成其他不同种类的岩浆，如碱性橄榄玄武岩浆、橄榄碧玄岩浆、金伯利岩浆和碳酸盐岩浆等。这些经由部分熔融形成的原生岩浆其密度都比源区的母岩轻，所以在重力和构造作用因素的影响下，会运移或聚集而形成地壳下面的岩浆房，或侵入地壳某个部位，或喷出地表形成火山。

②大陆地壳中岩浆的形成。陆壳分上地壳和下地壳。上地壳厚度 20 千米，由约 5 千米厚的沉积盖层和 5～20 千米的花岗质岩层组成。下地壳由玄武质岩石组成，厚约 15 千米。下地壳的玄武质岩石由于所处的环境温压较高，大多数转变为麻粒岩相。熔融实验表明陆壳上部不同成分的沉积盖层其形成岩浆过程有所不同，如由沉积的岩屑砂岩变质形成的片麻岩在压力为 2 吉帕时，温度达到 $685 \pm 10℃$ 便开始熔融，到 700℃时片麻岩中的碱性长石全部熔融，形成花岗岩质的岩浆，岩浆的数量可达 30％；当温度进一步升高，达到 740℃时，岩浆量可达 75％，并具有花岗闪长岩质岩浆的组成。如泥质岩变成的片麻岩，温度到达 700～720℃时才开始熔融，温度 730℃时岩浆数量可达 40％～50％，成分近于浅色花岗质岩浆。温度大于 740℃时形成花岗质岩浆，810℃时岩浆数量达 80％，成分演化成花岗闪长质岩浆。在 20 千米深处，有水的情况下，温度达 900℃时，可形成流纹质岩浆，而下地壳的玄武质岩石部分熔融后可形成安山质或英安质岩浆。

③板块消减带岩浆的形成。在大陆边缘和岛弧地带有大量的钙碱性安山质岩浆形成，一般认为与洋壳板块俯冲的消减带发生部分熔融有关。典型的大洋地壳由较薄的沉积盖层（一般 ≤1 千米）、玄武质和辉长岩质等岩层组成。由于洋壳

板块向陆壳板块下俯冲、下插，而陆壳板块则发生仰冲，在洋壳俯冲下插于其上方形成陆壳和地幔岩的楔形区。当洋壳俯冲达 100 千米深处时，这里温度高，一些含水矿物变得不稳定，释放出大量的水，这些水上升并进入楔形区陆壳下面的地幔岩中。当温度大于 1000℃，使富含水的地幔岩（橄榄岩）发生部分熔融，形成原生岩浆，这种岩浆经过变化可形成安山质岩浆。另外情况，当洋壳向下俯冲时，洋壳上的沉积盖层，除部分可能由于陆壳的刮削被留在俯冲带表面之外，大部分都会随洋壳一起俯冲到较深的部位；当达到 60 千米深处时，温度变得较高，也开始发生熔融形成岩浆。如果洋壳继续下插到更深的地方，如 100 千米左右，继续发生熔融作用，便可产生富水、富碱而贫硅的岩浆。

关于原生岩浆形成的这些认识，有些比较成熟，有些还在探讨中。

第三章 火成岩类型

［一、超基性岩］

含 SiO_2 小于 45％，不含石英，而 MgO、FeO 的含量很高的火成岩。岩石的颜色一般较深，密度较大。有些超基性岩含铁镁矿物很多，可达 90％以上，这种岩石又称为超镁铁岩，如大多数辉石岩属于超镁铁岩。

矿物成分　主要造岩矿物有橄榄石、辉石、角闪石、黑云母。也可有少量的基性斜长石。副矿物有尖晶石、铬铁矿、钛铁矿、磁铁矿和磷灰石。

化学成分　除辉石岩外，SiO_2 含量均小于 45％，属硅酸不饱和岩石。Al_2O_3、Na_2O、K_2O 含量较低，但碱性超基性岩的 Na_2O、K_2O 含量相对较高。MgO、FeO 含量很高，$FeO+Fe_2O_3$ 一般大于 8％，MgO 大于 40％。铁镁比值具有重要意义，不同的铁镁比值含矿性不同。

岩石结构　常见侵入岩的结构有粒状镶嵌结构、包含结构、海绵陨铁结构、网状结构。喷出岩主要有斑状结构、玻基斑状结构，科马提岩有特殊的鬣刺结构，金伯利岩还有环边假像结构。

岩石构造　常见为块状构造，少数有流动构造、条带状构造、层状构造。金伯利岩有角砾状构造、岩球构造。

岩石类型　深成岩主要有纯橄榄岩、橄榄岩、辉石岩，较少见的有角闪石岩，更少见的有黑云母岩。如果暗色矿物主要为碱性辉石和角闪石，则为碱性超基性岩类。浅成－超浅成岩有金伯利岩，喷出岩有苦橄岩、玻基纯橄岩（麦美奇岩）、玻基辉橄岩、科马提岩等。其中橄榄岩、辉石岩是最常见的超基性岩石。超基性岩类种属的详细划分，多采用1972年国际地质科学联合会地质年会推荐的侵入岩分类命名方案。

超基性岩类在自然界中很少有新鲜的，大多已受到次生变化，常见的次生变化有蛇纹石化，其次是绿泥石化、滑石化、透闪石化、碳酸盐化等。

分布和产状　中国的超基性侵入岩分布较广，如秦岭祁连山褶皱带、天山褶皱带、喜马拉雅褶皱带、燕辽褶皱带、横断山脉褶皱带、康滇台背斜等地均有发育。时代自前寒武纪至第三纪。岩体产状多为岩盆、岩床、岩脉、小的岩株。岩体一般都不大，常成群产出，且常常与基性岩体共生，并按一定构造方向延伸分布。如内蒙古北部超基性岩带由东向西延伸约1400千米，祁连山超基岩带延续约400～500千米。中国较大的超基性岩体在西藏南部的雅鲁藏布江地区，岩体长达145千米，最宽处达6千米。超基性岩体在地球上分布有一定规律，产在不同的地质构造环境中，常见的有以下4种类型：

①阿尔卑斯型侵入体。主要出现在岛弧和大陆壳造山带中，以纯橄榄岩和方辉橄榄岩为主。通常产于与构造走向平行的深大断裂中，多成长条状、透镜状，倾角较陡，断断续续可延伸数百千米至上千千米。常常有强烈的蛇纹石化。此类型超基性岩体在中国西藏、内蒙古、陕西、甘肃、宁夏、青海等地有广泛分布。

②层状侵入体。主要产于较稳定的地质构造环境中，多呈岩盆、岩床状，规模大小不等，出露面积由几平方千米至数万平方千米。岩体常与基性岩及少数中酸性岩共生，岩体成层性明显，具有类似沉积的层理是此类超基性岩体的特征构

造。层理是由不同的矿物种类、含量、矿物结晶大小显示出来。岩体有清晰的垂直分带，一般底部为超镁铁质岩（橄榄岩、纯橄榄岩、辉石岩等），中部为基性岩类（辉长岩、苏长岩），上部为浅色辉长岩、斜长岩、闪长岩和花岗岩等。中国西南康滇地轴一带广泛分布着这类超基性岩体。

③阿拉斯加型侵入体（环带状超镁铁质杂岩体）。以阿拉斯加东南部布拉什克岛的超镁铁质杂岩体为代表，世界许多地方也有发现，产于造山带，沿构造方向成群分布。岩体多呈环带近圆柱状侵入。中心为超基性岩（纯橄榄岩、橄榄岩、辉石岩），外围被辉长岩包围，最外围又为变质的辉石岩。

④包体型超基性岩。主要成包裹体产在碱性玄武岩和金伯利岩中，岩石主要是二辉橄榄岩。包体可成棱角状或浑圆状，大小不等，以数厘米至几十厘米常见。中国新生代的碱性玄武岩中广泛分布有这种超基性岩包体，如河北张家口、山东、南京和海南等地均有。

除了上述4种地质构造环境外，在大洋中脊、洋壳俯冲带蛇绿岩套中也有超基性岩分布。

矿产　超基性岩类中主要有铬、铂、镍、钛等金属矿产。非金属矿产有金刚石、磷灰石、石棉、滑石、蛇纹石、菱镁矿等。有些质地良好的蛇纹岩可成为较好的玉石，如中国甘肃酒泉的祁连玉。

橄榄岩　最常见的一种超基性岩。多为深绿色或黑绿色，化学成分特点是$SiO_2 < 45\%$，平均值为42.30%，铁、镁含量高于其他各类火成岩。岩石结构主要为半自形粒状结构、粒状镶嵌结构、网状结构等。主要矿物为橄榄石和辉石，次要矿物有角闪石、黑云母，不含或偶见基性斜长石。橄榄石含量变化于$40\%\sim 90\%$，橄榄石多为镁橄榄石和贵橄榄石。辉石有富镁的斜方辉石和富钙的单斜辉石。常见的副矿物有尖晶石、铬铁矿、钛铁矿、磁铁矿和磷灰石等。根据橄榄石和辉石的含量比例不同，可分为纯橄榄岩（橄榄石大于90%）、辉石橄榄岩（橄榄石为$75\%\sim 90\%$）、橄榄岩（橄榄石为$40\%\sim 75\%$）。根据辉石的种属不同，又可分为方辉橄榄岩（含斜方辉石为主）、单辉橄榄岩（含单斜辉石为主）和二

辉橄榄岩（两种辉石含量相近）。
自然界新鲜的橄榄岩很少，多已
次生变化，主要为蛇纹石化，其
次有滑石化、绿泥石化、透闪石化、
碳酸盐化等。橄榄岩的产状常有
两种，一种为独立小侵入岩体，
一种是以包体的形式产在碱性玄
武岩和金伯利岩中。橄榄岩在中

纯橄榄岩 （6cm×9cm，陕西商南）

国的西藏、青海、甘肃、宁夏、陕西、河北、内蒙古等地有广泛分布。与橄榄岩
有关的矿产有铬、镍、钴、铂、稀土等多种金属矿。非金属矿产有滑石、石棉、
菱镁矿、磷灰石等。橄榄岩经蚀变形成的蛇纹岩，有些质地细腻，颜色美丽，是
很好的玉石材料。有些蛇纹岩花色美观，是很好的装饰石材。一些结晶较粗大（大
于3～4毫米）的橄榄石，透明清晰，可做宝石材料。橄榄岩是富镁的岩石，可
与磷块岩或磷灰石一起烧制钙镁磷肥，还可作为提取金属镁、镁化合物和泻利盐
的原科，亦可用作耐火材料使用。

　　辉石岩　常见的超基性侵入岩。黑色或黑绿色，化学成分特点是 SiO_2 含量稍
高，多为50%左右。Ca、Mg、Fe含量较高。岩石结构多为中粗粒半自形粒状结构。
主要矿物为辉石，其含量一般大于90%。次要矿物有橄榄石、角闪石和黑云母，
也可有少量的基性斜长石。根据辉石的
种类和含量不同，可进一步划分辉石岩
的种属，常见的有方辉辉石岩、透辉辉石
岩、二辉辉石岩、橄榄辉石岩（橄榄石
含量可达40%）。方辉辉石岩又据斜方
辉石的种类可再分为顽火辉石岩（主要
由顽火辉石组成）、古铜辉石岩（主要
由古铜辉石组成）、紫苏辉石岩（主要

辉石岩 （6cm×6cm，中国承德）

由紫苏辉石组成）。辉石岩也常常发生次生变化，主要有蛇纹石化、绿泥石化、绿帘石化、透闪石化、碳酸盐化等。辉石岩常形成小岩体，常与橄榄岩共生。中国河北、内蒙古、辽宁、安徽等地均有产出。与辉石岩有关的矿产有钒、钛、镍、钴、铁等，新鲜的辉石岩，颜色纯正，是良好的装饰石材。

金伯利岩　含金刚石的重要母岩。因 1869 年在南非的金伯利城首先发现这种岩石而得名。是已发现形成有工业价值金刚石原生矿床的母岩。金伯利岩是一种稀少的岩石，仅在世界上约 30 个国家找到了金刚石的原生矿床和砂矿床。共发现约 5000 个金伯利岩岩体。已知的金伯利岩岩体中，并不是每个岩体都含金刚石，在含金刚石的岩体中，也不是每个都具有工业价值。以金伯利岩筒为例，在 1000 个金伯利岩筒中大约有 500 个含金刚石，但其中只有 50 个岩筒中的金刚石具有工业价值。

金伯利岩的化学成分特点是：SiO_2 含量比一般超基性岩类还低，SiO_2 平均含量 30% 左右，和 MgO 的含量相近，$MgO/SiO_2 \approx 1$；钾钠含量则比一般超基岩类高，且 $K_2O > Na_2O$，显示了偏碱性且富钾的特征；微量元素 Ti、P、Cr、Co、Ni、Nb 含量也较高，稀土元素中轻稀土元素明显富集。

金伯利岩的矿物成分以含有高温、高压矿物和特殊的矿物组合为特征。包括原生矿物、蚀变矿物和包体矿物等。原生矿物主要为橄榄石、金云母。橄榄石的含量一般为 30% 左右，最多时可达 50%～60%，主要为含镁高的橄榄石。金云母的含量仅次于橄榄石，但不同的金伯利岩中含量变化较大。副矿物有镁铝榴石、含铬透辉石、铬铁矿、铬尖晶石、钛铁矿、钙钛矿、金红石、锐钛矿、碳硅石、磷灰石、锆石等。蚀变矿物最常见的有蛇纹石、滑石、碳酸盐矿物、绿泥石等。包体矿物主要有上地幔超镁铁质岩石破碎的捕虏体以及从岩浆中结晶出的巨晶，如镁铝榴石，单斜辉石，大粒径半自形的橄榄石、斜方辉石，扭曲变形的金云母等。橄榄石、金云母、镁铝榴石常形成斑晶。橄榄石和金云母还常具多世代的结晶，橄榄石受溶蚀后常形成卵形。镁铝榴石是金伯利岩中最重要的副矿物，多以斑晶或捕虏晶出现。常为浑圆状或椭圆状，以紫红色为主，其次为橙黄色，含量变化很大，可由万分之几到百分之几。

金伯利岩常见的结构有细粒结构、斑状结构、火山碎屑结构和环边假像结构。斑状结构中斑晶成分主要为橄榄石、金云母和镁铝榴石。斑晶因溶蚀多呈圆状或椭圆状为其重要的特征，故又称卵斑结构。常见的构造有块状构造、角砾状构造，有时可见岩球构造。角砾状构造中的角砾成分复杂，有来自上地幔的同源岩石碎块，也有来自异源的围岩岩屑。岩球多为圆形、椭圆形，俗称"凤凰蛋"，大小不等，球心多为蛇纹石化橄榄石，球壳为细粒金伯利岩包裹，矿物常呈同心圆状分布。

金伯利岩可根据结构和矿物成分划分为不同种类。按结构可分为斑状金伯利岩、金伯利角砾岩和凝灰状金伯利岩三大类。根据主要矿物不同，金伯利岩可分为两种基本类型，即橄榄石型（金云母含量＜25％）和金云母型（金云母含量＞50％）。常见的岩石种类有斑状金伯利岩、细粒金伯利岩、金伯利角砾岩、金伯利凝灰岩和斑状云母金伯利岩等。

自然界中很少有新鲜的金伯利岩存在，都有不同程度较强烈的次生变化，主要为橄榄石和金云母的蛇纹石化、绿泥石化和碳酸盐化。经常是两种或两种以上的次生变化同时发生。

金伯利岩主要是浅成、超浅成的侵入体，多呈岩筒、岩墙状。岩体较小，岩筒的面积一般不超过1万平方米，少数可达1平方千米，最大的也未超过2平方千米。常成群出现，分布面积较广。横跨整个非洲大陆都有金伯利岩分布，著名的南非金伯利岩就是由10多个岩筒组成的岩筒群。中国山东、辽宁的金伯利岩也多成岩筒状产出。金伯利岩还呈岩墙产出，但规模较小，一般厚度小于2米，但长度较长，最长可达65千米，有的成群出现，有少数呈环状岩墙或岩床。

金伯利岩形成时代是多期性的，主要有三个时期，即前震旦纪、白垩纪和第三纪，绝大多数金伯利岩形成于白垩纪。

金伯利岩的含矿性表明，不是所有的金伯利岩都有金刚石，其含金刚石的贫富有以下规律：①具火山碎屑结构的金伯利岩，若富含镁铝榴石、二辉橄榄岩、方辉橄榄岩和纯橄榄岩等上地幔岩包体或其矿物包体，则富含金刚石且质量好，

斑状金伯利岩（6cm×8cm，山东蒙阴）

而含地壳围岩碎屑多的，金刚石含量较贫。②具显晶质斑状结构的金伯利岩含金刚石较富，呈隐晶质斑状结构的较贫。③富含橄榄石且晶体粗大的金伯利岩含金刚石较富，含金云母多的金伯利岩含金刚石较贫。④橄榄石含 Mg 和 Cr 越高，含金刚石也越富。⑤铬铁矿含量高、铬铁矿中 $Cr/(Cr+Al) > 90\%$，金刚石含量高。⑥富 Cr 贫 Al 的透辉石（$Cr_2O_3 > 1.2\%$）含量较多，镁铝榴石含 Cr 高（$Cr_2O_3 > 2.5\%$）且紫色较深，金刚石含量高。

金伯利岩的分布，从地质条件看主要分布在构造稳定的地台区，如非洲 - 阿拉伯地台、西伯利亚地台和中朝地台等。研究表明，地台的年龄越老、稳定性越高、面积越大，金伯利岩和金刚石的砂矿点也越多。如世界上绝大多数的金伯利岩和金刚石砂矿，都分布在非洲 - 阿拉伯地台和西伯利亚地台。中国已发现的金伯利岩主要分布在山东、辽宁和贵州等地。辽宁金伯利岩中所产金刚石质量较好，达宝石级的有 70%。

金伯利岩的成因还在探索中，但多数学者认为，金伯利岩是上地幔、富 CO_2 和 H_2O 的高温高压条件下的金伯利岩岩浆侵入到地壳一定部位后，在温压条件适合的情况下结晶形成。金伯利岩岩浆形成的深度一般认为是 100～300 千米。

钾镁煌斑岩 超钾质系列的火山岩或是富钾富镁的浅成岩。曾称为金云火山岩，是含金刚石的另一种母岩。1975 年在澳大利亚西部地区发现。岩石一般为中等颜色，多为斑状结构，块状和角砾状构造。角砾成分除围岩碎屑外，还有深源包体。主要是二辉橄榄岩和方辉橄榄岩碎屑，另有一些晶屑。

主要原生矿物有富镁橄榄石、金云母（低铝富钛）、透辉石、钾碱镁闪石、白榴石。副矿物种类较多，有楣石、锆石、磷灰石、镁铝 - 铁铝榴石、钙钛矿、铬铁矿、磁铁矿、金红石等，还可有少量玻璃质。特征矿物为低铝富钛的金云母、钾碱镁闪石、锆石和氟磷灰石。

化学成分特征为富钾、富镁，K_2O 常为 7%～12%、MgO 为 5%～29%；SiO_2 大于 40%；TiO_2 含量不定，最高含量可达 7%；富含稀土微量元素如 Rb、Sr、Ba、Pb、Th、U、Zr、Nb 等。岩石一般为碱性至过碱性。

根据矿物组合不同，钾镁煌斑岩可分为两类：橄榄钾镁煌斑岩和白榴钾镁煌斑岩，中间有一些过渡类型，常见的有透辉石白榴钾镁煌斑岩。富含金刚石的是橄榄钾镁煌斑岩，一般是百吨矿石含金刚石 5～10 克拉，最富的可高达百吨矿石含金刚石 700 克拉，金刚石含量虽然丰富，但质量好的不多。如某个钾镁煌斑岩岩筒，估计金刚石含量多达 6 亿克拉，但是达到宝石级的仅有 360 万克拉，约占 6%。白榴钾镁煌斑岩也可含少量金刚石，但不具经济价值。橄榄钾镁煌斑岩主要由橄榄石、金云母、透辉石及副矿物组成，橄榄石可成粗晶或斑晶，金云母、透辉石可成斑晶和基质，基质中常有少量玻璃质，但多已脱玻化。有些金云母可连片生长，包裹了其他晶体，形成嵌晶结构，有时可见粗晶的橄榄石被自形较好的细小橄榄石集合体组成包围边缘，形成"犬牙状结构"。白榴钾镁煌斑岩主要矿物为白榴石，其次为橄榄石、透辉石和金云母，这些矿物形成斑晶和基质，一般橄榄石不形成粗晶，岩石为斑状结构。钾镁煌斑岩多呈岩筒、岩床产出，少量为岩墙状，成群产出，成带分布。形成时代由晚元古代至中新世，多与超钾质火山岩和碳酸岩共生。含金刚石的钾镁煌斑岩主要分布在澳大利亚西部地区和美国阿肯色州。中国湖北、河北、贵州发现有钾镁煌斑岩，但未找到含金刚石的钾镁煌斑岩。

地幔岩　代表上地幔物质的一种模式，对原始上地幔成分设想的岩石名称。1966 年 D.H. 格林和 A.E. 林伍德曾提出模拟的上地幔岩成分是相当于 3 份阿尔卑斯型橄榄岩和 1 份夏威夷型拉斑玄武岩的混合物，并计算出相应的矿物成分大致是橄榄石、辉石和镁铝榴石。随着研究工作的深入，特别是 20 世纪 70 年代以来，通过对碱性玄武岩和金伯利岩中一些从深部幔源区带到地表的地幔岩包体及阿尔卑斯型超镁铁质侵入岩的研究，获得了许多关于地幔岩特征的信息。已确认的地幔岩包体岩石类型有二辉橄榄岩、方辉橄榄岩、纯橄榄岩、辉石岩和榴辉岩。其中以二辉橄榄岩占绝对优势，尤以尖晶石二辉橄榄岩最常见。按化学成分特征又可分为原始地幔岩、亏损地幔岩和交代富集型地幔岩。原始地幔岩又称饱满地幔岩，是未经过熔融和流体交代的地幔岩，其化学成分与地幔岩的平均成分相近，Mg'值（MgO 与 MgO+FeO 比值）一般为 87.4～89.3，岩性为二辉橄榄岩。亏损地幔岩又称残留地幔岩，是地幔部分熔出岩浆后的地幔残留体，与原始地幔岩相比明显亏损易熔组分，如 K_2O、Na_2O、Al_2O_3、TiO_2 等。Mg'值高，多大于 91，一般为 91.5～93.5。Rb、Sr、Ba、K、Zr 等元素亏损。交代富集型地幔岩是经过地幔流体交代的地幔岩，与原始地幔岩相比其明显富碱、轻稀土元素及 Rb、Sr、Ba 等，有时还富铁。Mg' 较低，可低至 79。矿物成分上可出现富钾矿物，如角闪石和金云母等。地幔岩的结构多为变形变晶结构，火成粒状结构较少，普遍发育碎斑结构。橄榄石常见扭折带，辉石常有出溶叶片，也可见重结晶的板状等粒变晶结构和镶嵌等粒变晶结构，有些辉石岩中可见火成堆积结构叠加变形结构。构造有条带状、斑杂构造，有的有清晰的定向。中国东部地区黑龙江、吉林、辽宁、河北、山东、江苏、安徽、福建都发现有地幔岩包体，是研究地幔岩的最好样品。

碳酸岩　一种少见的超基性火成岩。1921 年在挪威西部奥斯陆地区首先发现，直至 20 世纪 60 年代在坦桑尼亚看到正在喷发的碳酸盐岩浆，后来在乌干达波塔尔林地区也发现了碳酸盐岩浆，这时岩浆成因的碳酸岩才被确认。岩石颜色较浅，化学成分变化较大，其特点是 SiO_2 含量较低（＜20%），含有较高的碱金属元素和钙、二氧化碳、稀土元素。多为粗粒半自形 - 它形的粒状结构，矿物粒径一般为 2～5 毫米，也有更粗或更细的。多为块状构造，也有条带状和瘤状构造。主要矿物成分是方解石和白云石，含量在 50% 以上，其次有霞石、黄长石、钾长石、碱性辉石、碱性角闪石和金云母、黑云母等。副矿物种类较复杂，主要为含稀土元素的矿物如独居石、铌铁矿、铌金红石、氟碳钙铈矿。其他还有石墨、黄铁矿、萤石、重晶石和天青石等。根据方解石与白云石含量的比例，可分为方解石碳酸岩（方解石＞90％）、白云石碳酸岩（白云石＞90％）、白云方解碳酸岩（方解石为50％～90％）、方解白云碳酸岩（白云石为50％～90％）。根据所含的特征矿物或特征元素，又可分为黑云母碳酸岩（含特征矿物黑云母）、稀土碳酸岩（含稀土碳酸盐矿物如氟碳铈矿、氟碳钙铈矿等）。碳酸岩主要产于稳定的古老地台边缘断裂带和褶皱带内中间地块断裂带中。产状主要有三种：一是中心型碳酸岩侵入杂岩体，二是脉状碳酸岩体，三是火山喷发形成熔岩流和火山碎屑碳酸岩及呈火山颈产出的碳酸岩。中国四川、湖北、山东等地发现有侵入的碳酸岩。与碳酸岩相关的矿产主要是稀土元素矿床和铌矿床，其次为磷矿床，也曾发现有硫化物铜矿床。

［二、基性岩］

火成岩的一大类。富含铁镁矿物，故颜色较深，多为深灰、中灰色。SiO_2含量为45％～53％，$FeO+Fe_2O_3$平均约10％，MgO平均7％～8％，CaO平均9％～10％，K_2O+Na_2O平均含量4％～9％。铁镁矿物与硅铝矿物比约为50：50。

铁镁矿物主要为辉石类，其次为橄榄石、角闪石和黑云母。硅铝矿物主要为斜长石类和碱性长石类。岩石结构：深成侵入岩主要为半自形中细粒结构为主，少数为半自形中粗粒结构；浅成侵入岩以斑状结构和辉绿结构为主；喷出岩结构多为斑状结构、隐晶质结构（间粒结构、填隙结构、间片结构、交织结构等）。岩石构造常见的有块状构造，其次为条带状构造、层状构造、球状构造等。根据K_2O+Na_2O含量可分为两个系列：钙碱性系列基性岩（K_2O+Na_2O平均含量小于3.5％），碱性系列基性岩（K_2O+Na_2O平均含量为4.5％～7％）。化学成分不同，主要矿物种类也有差别。钙碱性系列基性岩主要矿物为富镁和富钙的斜方辉石和单斜辉石、基性斜长石。其主要代表性岩石：深成岩为辉长岩，浅成岩为辉绿岩，喷出岩为玄武岩。碱性系列基性岩主要矿物为碱性长石和基性斜长石，富钛和富碱的单斜辉石，还可有较多的橄榄石和不等量的似长石，似长石最多可达50%以上。其主要代表性岩石：深成侵入岩为碱性辉长岩，浅成侵入岩为碱性辉绿岩，喷出岩为碱性玄武岩、碱玄岩、碧玄岩和白榴岩。基性侵入岩可形成独立的小岩体，也常与超基性岩类、中性岩类共生，产状多为岩床、岩盆、岩脉。喷出岩主要形成大规模的熔岩流、熔岩被。

玄武岩　基性火山岩。相当于辉长岩的喷出岩。是大洋地壳和月球月海的最主要组成物质，也是陆壳和月陆的重要组成物质。1546年，G.阿格里科拉首次在地质文献中使用。汉语玄武岩一词引自日文，描述在日本兵库县玄武洞发现的一种黑色橄榄玄武岩。

根据化学成分，玄武岩可分为亚碱性玄武岩和碱性玄武岩两个系列。亚碱

玄武岩柱状节理（广东湛江）

性玄武岩又可进一步分为钙碱性玄武岩和拉斑玄武岩。玄武岩 SiO_2 含量基本为 45%～53%，少部分碱性系列的玄武岩 SiO_2 含量偏低，少数低至 42% 左右。K_2O+Na_2O 和 TiO_2 的含量在两个系列中有较明显差别：亚碱性系列玄武岩 K_2O+Na_2O 含量一般在 4% 左右，碱性系列玄武岩一般大于 5%。二者的 Na_2O > K_2O 占多数。TiO_2 含量亚碱性系列中多小于 2%，而碱性系列中多数大于 2%。

从矿物成分看，亚碱性系列玄武岩主要为基性斜长石和辉石（斜方辉石和单斜辉石），橄榄石次之，少见角闪石和黑云母。副矿物常见有磁铁矿、钛铁矿和磷灰石等。碱性系列玄武岩主要矿物为辉石和基性－中性斜长石及碱性长石，辉石多为含钛较高的普通辉石和富钙的透辉石，也可有部分碱性辉石，但不含斜方辉石为其特征。辉石可成为巨晶，粒径多为 1 厘米左右，有的可达 1 厘米以上。辉石巨晶为黑色，解理不明显，常见贝壳状断口。橄榄石含量一般较少，但某些富碱的玄武岩中含量可达 25%。一些过碱性玄武岩中还有大于 5% 的霞石或石榴子石，副矿物和亚碱性玄武岩基本相同，除钛铁矿、磁铁矿、磷灰石外，还可有榍石。

玄武岩的次生变化常有绿泥石化、绿帘石化、泥化，绢云母化，碳酸盐化等。橄榄石还常有伊丁石化。

玄武岩多为斑状结构，部分为无斑微晶隐晶质结构。基质多为微晶隐晶质结构，具体有粗玄结构、间隐结构、间粒结构、交织结构、玻璃质结构、玻基交织结构等。

玄武岩的构造常见有块状构造、气孔构造、杏仁构造，有些玄武岩可有绳状构造、渣状构造、柱状节理构造等，一些水下喷发的玄武岩还常有枕状构造。

玄武岩的分类有多种：①根据主要矿物成分和结构构造划分，如斑晶有较多的橄榄石，则称为橄榄玄武岩；橄榄石大部分已变为伊丁石，则称为伊丁玄武岩；斑晶主要为辉石，可称为辉石玄武岩；主要矿物为钠长石，称为细碧岩等。②根据化学成分 K_2O+Na_2O 对 SiO_2 的关系可先划分为亚碱性玄武岩和碱性玄武岩两大亚类。亚碱性玄武岩又可根据 Al_2O_3 含量进一步分为两个类型，即拉斑玄武岩

绳状玄武岩（黑龙江五大连池）

（Al_2O_3 > 16%～17%）和高铝玄武岩（Al_2O_3 > 16%～17%）。拉斑玄武岩再根据有无石英和橄榄石再划分为橄榄拉斑玄武岩和石英拉斑玄武岩。若橄榄石标准矿物分子含量 > 25%，则称苦橄玄武岩（大洋玄武岩）。碱性玄武岩则根据霞石和橄榄石的含量划分为三个主要种属，即碱性橄榄玄武岩（霞石含量 0～5%），碱玄岩（霞石 > 5%、橄榄石 < 5%），碧玄岩（霞石 > 5%、橄榄石 > 5%）。中国黑龙江省五大连池火山岩中有一种称为"石龙岩"（Shilongite）的是一种罕见的富钾碱性玄武岩，SiO_2 明显不足，其矿物成分特点是不含斜长石，富含碱性长石，次要矿物有橄榄石、透辉石，也可有白榴石。钾玄岩是一种富钾、钡、铷而贫钛的玄武岩种属，矿物成分特点是有橄榄石、单斜辉石和基性斜长石，部分含透长石，可出现霞石标准矿物分子。③根据结构特征，玄武岩又可分为粒玄岩、隐晶质玄武岩、玻基玄武岩、玻璃质玄武岩（含水较多时，也叫橙玄玻璃）。④根据构造特征，玄武岩又可划分为块状玄武岩、气孔状玄武岩、杏仁状玄武岩、熔渣状玄武岩、绳状玄武岩、枕状玄武岩等。

主要产状为大规模的熔岩流、熔岩被，有时也有火山碎屑物喷出形成火山锥体。此外也可见到岩床、岩墙和岩脉产出的。玄武岩形成的时代较宽，几乎各个地质时期都有。大陆上大面积玄武岩形成主要有三期：①前寒武纪时期，这期的玄武岩均已变质绿岩化，往往不易辨认。②晚二叠世，中国以云贵川峨眉山玄武岩为代表。③侏罗纪到第三纪，中国以第三纪到第四纪为主，如黑龙江的五大连池等。

玄武岩是一种分布最广泛的火山喷出熔岩，有些地方覆盖面积成千上万平方千米，世界上玄武岩分布最广泛的地区有印度、南非、阿根廷、巴西、乌拉圭、美国、冰岛、苏格兰等地。著名的印度德干高原玄武岩分布面积达 50 万平方千米，西伯利亚玄武岩面积为 34 万平方千米。中国峨眉山玄武岩分布面积也达 26 万多平方千米。从区域构造环境看，不同类型的玄武岩分布也有不同规律，拉斑玄武岩主要分布在大洋中脊，高铝玄武岩主要分布在活动大陆边缘和岛弧中，碱性玄武岩主要分布在大陆内裂谷带地区。这种分布规律比较清楚，如日本东海岸为拉斑玄武岩，日本本土为高铝玄武岩，而朝鲜和中国东北地区绝大多数为碱性玄武岩。而且时代越新，向碱性演化的趋势越清楚。

玄武岩也是构成月球的主要岩石之一。

玄武岩与矿产的关系也较密切，常见的是铜铁矿，主要是与细碧岩有关的黄铁矿型铜矿。玄武岩气孔中常有方解石和硅质充填，有时可形成很好的冰洲石和玛瑙矿床。有的玄武岩有地幔岩包体，包体中常有橄榄石、蓝刚玉、红色锆石、石榴子石大晶体，可成为宝石原料。玄武岩还是铸石和岩棉的主要原料，铸石是很好的绝缘和耐磨耐压材料，岩棉是很好的保温和隔音材料。玄武岩经过化学风化，最后可形成铝土矿。

在成因方面，比较一致的看法是玄武岩是由地幔岩局部熔融形成的原生玄武岩浆，在适当的构造地质因素影响下，喷出地表直接冷却固结形成的。但是不同种类的玄武岩浆其形成的具体条件不完全相同。如 D.H. 格林等人（1967）认为拉斑玄武质岩浆形成深度为 0 ~ 15 千米，高铝玄武质岩浆形成深度为 15 ~ 30 千米，碱性玄武质岩浆形成深度为 35 ~ 70 千米。

辉长岩　基性深成侵入岩。辉长岩类中最常见的一个岩石种属。SiO_2 平均含量为 50%，岩石为灰色、灰黑、灰白等色。多为半自形中细粒 - 中粗粒粒状结构，称为辉长结构。块状构造，也有部分为带状构造。主要矿物成分为基性斜长石和富钙的单斜辉石（异剥石、普通辉石、透辉石），斜长石和辉石含量约各占一半。次要矿物有橄榄石、斜方辉石、角闪石和黑云母，有的也可含少量的钾长石和石英。副矿物常有磷灰石、榍石和磁铁矿。辉石和斜长石的自形程度基本相同。单斜辉石中常有金属矿物包裹物定向排列形成的"席列"构造，有的还有规则微晶状的斜方辉石出溶页片，也常见到简单的聚片双晶。斜长石大多数均发育清晰的聚片双晶，部分有卡钠复合双晶和肖钠长石双晶。斜长石种属多为拉长石。根据暗色矿物含量的不同，可分为暗色辉长岩（暗色矿物含量大于 65%）和浅色辉长岩（暗色矿物含量小于 35%）。根据暗色矿物种类的不同，又可分为异剥辉长岩（异剥辉石为主）、苏长岩（全为斜方辉石）、辉长苏长岩（单斜辉石和斜方辉石含量均大于 5%）、橄长岩（辉石含量很少，主要为橄榄石）、角闪辉长岩（含单斜辉石外还有较多的角闪石）、石英辉长岩（含有一定数量的石英）。辉长岩常见的次生变化有纤闪石化、帘石化、绿泥石化和碳酸盐化、绢云母化及泥化。中国山东、云南、四川、吉林等地均有辉长岩分布，产状多为岩盆、岩床、岩盖、小岩株和岩脉。

辉长岩 (7cm×10cm, 山东济南)

月球上也有辉长岩，但其成分与地球上的辉长岩有所不同，月球辉长岩贫碱富钙，斜长石更基性，主要为培长石。钛铁矿较多（约 10% ~ 18%），还有少量宇宙外来物如陨硫铁、金属铁等。与辉长岩有关的矿产主要为铜镍硫化矿床、铬铁矿和钒钛磁铁矿床。

辉长岩可作良好的建筑石材和装饰石材。

斜长岩　一种基性侵入岩。几乎全部由基性斜长石组成，斜长石含量大于90%，可含少量的橄榄石、普通辉石、古铜辉石、角闪石和钛铁矿。因含铁镁矿物少，岩石均为浅色。结构以中粗粒半自形或它形粒状结构为主，随铁镁矿物含量增加，可过渡为辉长岩。按斜长石的种属不同，斜长岩可分为拉长岩（岩石由拉长石组成）、培长岩（岩石由培长石组成）。斜长岩次生变化多为钠黝帘石化和绿泥石化。斜长岩可形成大的独立岩体，也可与辉长岩共生。和辉长岩共生时，斜长岩主要分布在层状基性侵入体的上部，这种共生关系表明，斜长岩是基性岩浆分异形成的。中国典型的斜长岩在河北省大庙有较多分布，与斜长岩有关的矿产主要是钛铁矿。

细碧岩　基性岩浆水下喷发形成的一种喷出岩。1827 年由 A. 布龙尼亚尔首先提出，泛指隐晶质，含钠长石－绿泥石或钠长石－赤铁矿、石英组合的岩石。化学成分特点是 SiO_2 为 45%～53%，与玄武岩相当。但 MgO、CaO 低而 Na_2O 高，特别是一些岩枕的核部 Na_2O 更高。细碧岩的 $CaO/Na_2O \leqslant 1.5$，而玄武岩则为 3～5。矿物组合特征与玄武岩相似，有时细碧岩和玄武岩不易区分。但细碧岩含大量的钠长石或钠－更长石为特征，斜长石号码为 0～20 号，而玄武岩的斜长石均大于 40 号。细碧岩中的钠长石常有中－拉斜长石残余，辉石多已变为绿泥石、阳起石、纤闪石，有时可见橄榄石，但已蛇纹石化。其他还有绿帘石、赤铁矿、方解石等。细碧岩以钠长石加绿泥石、绿帘石、方解石矿物组合及较高 Na_2O 为特征区别于一般玄武岩。有些变质玄武岩也有和细碧岩一样的矿物组合，但细碧岩中钠长石的光轴角较大（$2V = 85°～95°$），并具异常的 X 射线参数。而变质玄武岩中斜长石的光轴角较小，一般为 76°～78°。细碧岩常见填间结构、间粒结构。以海底熔岩流的形式产出，常具特殊的枕状构造。但是有些不是细碧岩的喷出岩也可具枕状构造，所以确定是否为细碧岩除了要搞清其化学成分、矿物组合及结构构造特点外，还要特别注意其共生岩石组合。细碧岩常与角斑岩共生形成细碧－角斑岩建造。也可与硅质岩、蛇纹岩、基性岩、碳酸盐岩、杂砂岩等共生，组成蛇绿岩套的一部分，按其共生组合岩石的不同，可分为3种主要组合类型：①细碧岩-辉绿岩组合。②角斑岩-石英角斑岩组合（细碧岩较少）。③变玄武岩-细碧岩组合，两者常成互层。

根据细碧岩的化学成分、矿物组合、结构构造的特点，认为其成岩环境是处于大陆造山带地槽下降的阶段水下喷发形成的。1977～1978年在大洋中脊洋壳剖面中也发现了细碧岩，这是一个较重要的发现。关于细碧岩的成因一直有不同的看法，主要有两种观点：①变质交代说。认为是由拉斑玄武岩质或橄榄玄武岩质岩浆的分异产物并经后期改造（低变质和钠质交代、钠的带入，硅、钙的带出）形成的。②岩浆成因说。认为细碧岩是由岩浆直接分异的产物。较合理的解释是：在大洋底较浅处已经结晶的玄武质岩石经低级变质作用形成细碧岩。变质作用的热源来自后来喷发的熔岩流或新侵入的辉绿岩，这些仍然热的或被加热了的玄武质岩石被海水或大洋底富钠的混积物混染，钠和硅被淋滤出来，同时铁、锰被氧化并富集于岩枕的边部，这样合理解释了细碧岩中岩枕边部的钠、硅比岩枕核部少，而三价铁、锰高的现象。这种淋滤现象后来被实验所证实。中国甘肃、河南、广西、西藏等地有细碧岩产出。与其有关的矿产主要是黄铁矿型铜矿。

辉绿岩　基性岩的一种浅成侵入岩。岩石的化学成分和矿物成分与辉长岩基本相同，但岩石结构不同。暗色矿物与浅色矿物约各占一半，故岩石多呈灰黑色、灰绿色、黑绿色等。具有典型的辉绿结构，辉石一般为他形粒状，充填在结晶较好的基性斜长石之间，部分辉石还可包含斜长石晶体，形成包含结构。主要矿物成分为辉石类（包括碱性辉石类）和基性斜长石，其次有橄榄石、角闪石、黑云母和碱性长石，可有少量石英。副矿物常为磁铁矿、钛铁矿和磷灰石。根据次要矿物或暗色矿物的

辉绿岩（5cm×6cm，河北宣化）

成分不同可进一步划分为橄榄辉绿岩、石英辉绿岩、角闪辉绿岩、黑云母辉绿岩和碱性辉绿岩。辉绿岩的次生变化常为钠长石化、绿泥石化、绿帘石化、黏土化和碳酸盐化。颜色翠绿、墨绿的辉绿岩是良好的装饰石材，辉绿岩还是制造铸石和岩棉的主要原料，作为铸石原料的辉绿岩，其理想的化学成分为：SiO_2 47%～49%，$Al_2O_3+TiO_2$ 16%～21%，$FeO+Fe_2O_3$ 14%～17%，CaO 8%～11%，MgO 6%～8%，K_2O+Na_2O 2%～4%。辉绿岩多成岩床、岩盆、岩脉产出。

[三、中性岩]

中色‑浅色的岩石，多为灰色、浅灰、灰绿等色。火成岩中的一大类。其 SiO_2 含量为53%～66%，MgO 平均约为5%，$FeO+Fe_2O_3$ 和 CaO 分别约为6%～8%。铁镁矿物与硅铝矿物比一般为30∶70。

深成岩的结构主要为半自形中细粒结构，少数为半自形中粗粒结构。浅成岩主要为斑状结构、半自形细粒结构。喷出岩主要为斑状结构、隐晶质结构。岩石构造常为块状构造，也可见条带状构造、斑杂构造。根据岩石中 K_2O+Na_2O 含量，不同中性岩可分为三个系列：钙碱性系列中性岩（K_2O+Na_2O 平均含量约为5.5%），钙碱‑碱性系列中性岩（K_2O+Na_2O 平均含量约为9%），过碱性系列中性岩（K_2O+Na_2O 平均含量约为14%）。由于化学成分的差别，矿物成分也有所不同，钙碱性中性岩主要矿物成分为角闪石和中性斜长石；钙碱‑碱性中性岩主要矿物成分为角闪石、碱性长石、中酸性斜长石，其次有辉石和黑云母，这个系列中偏碱性的岩石还常含有碱性辉石、碱性角闪石和小于5%的似长石；过碱性中性岩主要矿物成分为碱性长石、碱性辉石和碱性角闪石，其次为富铁的黑云母，并含有5%～50%的似长石为其特征。中性岩典型的代表性岩石包括：钙碱性深成侵入岩为闪长岩、石英闪长岩；浅成侵入岩为闪长玢岩、石英闪长玢岩；喷出岩为安山岩。钙碱‑碱性深成侵入岩为正长岩、二长岩，石英正长岩、石英二长岩；浅成侵入岩为斑岩（正长斑岩、石英正长斑岩）；喷出岩为粗面岩、角斑岩（海相喷发）。过碱性深成侵入岩为霞石正长岩；浅成侵入岩为霞石正长斑岩；喷出岩为响岩。中性岩的产状：侵入岩多为岩床、岩盆、岩盖、岩脉和规模不大的岩株，较少成独立岩体，常与其他火成岩共生。喷出岩产状多为岩钟、岩穹和规模较小的岩流。

闪长岩（8cm×12cm，河北涉县）

闪长岩　中性岩深成侵入岩中常见的种属。SiO_2含量平均约57%。灰色为主，结构多为中细粒或中粒半自形粒状结构。构造常为块状，少数可见斑杂构造、条带状构造。一般暗色矿物含量约占30%，浅色矿物约占70%，主要矿物为普通角闪石和中性斜长石，次要矿物有辉石、黑云母、钾长石（<10%）、石英（<5%），次要矿物含量是可变的。如果有钾长石或石英，这两种矿物一般都成他形填隙状充填在较自形的角闪石和斜长石之间，有时钾长石还可包围在斜长石的周边上。典型的闪长岩中斜长石常常发育有较好的环带构造和聚片双晶。根据闪长岩所含的主要暗色矿物不同，可分为角闪闪长岩、辉石闪长岩、黑云母闪长岩。如石英含量大于5%而小于20%，可称为石英闪长岩。闪长岩常见的次生变化：铁镁矿物常发生绿泥石化、绿帘石化、纤闪石化，长石类矿物主要发生钠黝帘石化、绢云母化和泥化，也可有绿帘石化和碳酸盐化、硅化等。闪长岩较少成独立岩体产出，多与辉长岩或花岗岩体共

闪长岩

生，如果形成独立岩体，常为小岩株、岩盆、岩盖、岩床、岩脉等。中国云南、四川、安徽、江苏、湖北、河北、山东等地均有闪长岩产出。与闪长岩有关的矿产主要是铜、铁夕卡岩型矿床，矿床主要形成在闪长岩与碳酸盐岩的接触带上，如湖北大冶、安徽铜官山、河北武安、山东莱芜均为此类矿床。闪长岩有较强的抗风化能力，是较好的建筑石材和装饰石材。

英云闪长岩　花岗岩类的一种侵入岩。岩石多为浅色，化学成分与花岗岩类相同。半自形粒状结构为主，构造常为块状，也可有条带状，似片麻状构造。矿物成分以石英、斜长石（更长石、中长石）为主。钾长石含量很少，不足长石总量的十分之一；石英含量大于20%；暗色矿物有黑云母和角闪石，含量可大于15%，黑云母多于角闪石。副矿物有榍石、磷灰石和磁铁矿。英云闪长岩、奥长花岗岩和花岗闪长岩的共生组合可以构成太古宇绿岩地区的一种特殊花岗岩组合，称 TTG 系列，在太古宇绿岩地区大面积分布，常呈直径小于 2 千米的片麻岩穿产出，也可成大面积的花岗质正片麻岩产出。矿物组合较稳定：石英 25%～35%，中 - 酸性斜长石 40%～60%，黑云母 5%～10%，角闪石 0～5%；化学成分特点为 $K_2O/Na_2O < 0.5\%$，高 Ba、Sr，低 Rb、K、Th 等元素，稀土元素丰度低；岩体中常含有镁铁质岩石包体。关于太古宇英云闪长岩的成因，雷普等人1989 年提出了一种模式：幔源玄武岩经含石榴子石的角闪岩部分熔融可形成英云闪长岩质岩浆，经分离结晶作用形成 TTG 岩石组合。

二长岩　中性侵入岩。在欧洲阿尔卑斯山首先发现。是正长岩向辉长岩或闪长岩过渡的种属。中国部分二长岩的化学成分特点是 SiO_2 为 56%～62%，CaO 为 4%～6%，Na_2O+K_2O 为 6%～8%，MgO 为 1.1%～1.6%，$FeO+Fe_2O$ 为 4.5%～6.8%。岩石多为灰白、浅肉红色。具典型二长结构，斜长石较自形，他形的钾长石分布在斜长石之间或斜长石被嵌在钾长石之中。岩石主要为块状构造，亦有条带状构造、斑杂构造。浅色矿物主要为斜长石和钾长石，二者含量相近，其变化范围为 35%～65%，斜长石为中 - 拉斜长石。暗色矿物主要为辉石、角闪石和黑云母，含量 20%～30%，可有少量石英，含量小于 5%。根据暗色矿物的

二长岩   石英辉石二长岩

石英二长岩

种属，二长岩可进一步分为辉石二长岩、角闪二长岩、黑云母二长岩。二长岩很少成独立岩体出现，多与正长岩或闪长岩共生构成杂岩体。自然界二长岩分布较少。中国河北、山西、湖北、内蒙古、广东均有发现。与二长岩有关的矿产主要为夕卡岩型铁矿。

正长岩　中性岩中偏碱性的深成侵入岩。是较常见的种属，SiO_2 平均含量为58.5％。岩石多为浅灰红，肉红、黄白等色。多为半自形—他形中细粒、中粒结构。块状构造，也可见条带状构造和斑杂构造。主要矿物为钾长石、中更斜长石、角闪石、辉石和黑云母，也可有少于5％的石英。钾长石可见卡式双晶和方格双晶，斜长石常发育较好的聚片双晶，双晶单体较细密。辉石和角闪石也常见简单的聚片双晶。副矿物主要为磁铁矿、磷灰石、榍石和锆石。暗色矿物和浅色矿物比一般为 30∶70，但其含量在小范围内是可变的。根据暗色矿物种属的不同，可再分为角闪正长岩、辉石正长岩、黑云母正长岩。正长岩常见的次生变化有绿泥石化、帘石化、泥化、绢云母化、碳酸盐化和硅化等。正长岩一般不形成独立岩体，常与花岗岩、花岗闪长岩及碱性岩共生，成为其他岩体的一部分，如形成独立的正长岩体，一般都是一些小型的岩盆、岩盖或不规则小岩体等。中国河北、山西、河南、湖北等地有正长岩分布。与正长岩有关的矿产主要是夕卡岩型的铁矿。正长岩可做陶瓷原料，富钾正长岩

正长岩（8cm×12cm，安徽庐江）

辉石正长岩

可做钾肥原料，某些正长岩是良好的建筑石材和装饰石材。

安山岩　中性火山岩。成分与深成的闪长岩相当。英文名来源于南美洲西部的安第斯山名（Andes）。岩石多为灰、暗灰、灰绿、紫褐等色。化学成分中 SiO_2 平均含量为 58.17%，Na_2O 为 3.48%，K_2O 为 1.62%，CaO 为 6.79%。岩石具斑状结构，基质为交织结构、玻基交织结构（安山结构）。块状构造，也有气孔、杏仁构造，杏仁主要为硅质、碳酸盐类。斑晶主要为斜长石（中－拉斜长石）和角闪石，其次为辉石、黑云母。斜长石斑晶常有清晰的聚片双晶和环带构造，有时有熔蚀现象。基质由斜长石（中、更斜长石为主）、辉石、绿泥石微晶和玻璃质组成。碱性长石和石英少见，多成不规则状充填在微晶间隙中。副矿物为磷灰石和铁质氧化物。据暗色矿物斑晶成分又可分为辉石安山岩、角闪安山岩和黑云母安山岩。安山岩与玄武岩有时不易区别，但可根据 SiO_2 含量来区分，安山岩

角闪安山岩（5cm×7cm，北京昌平）

SiO_2 含量多为 56%～63%，玄武岩 SiO_2 含量小于 53%。如果出现橄榄石和伊丁石斑晶，基本上可定为玄武岩。安山岩次生变化主要为绿泥石化、绿帘石化、碳酸盐化、泥化等。在热液的作用下，还可形成青盘岩化而成变质安山岩。安山岩产状多为岩流、岩穹。

分布较广，主要分布在活动大陆边缘、造山带及近代火山岛弧区，如环太平洋周边有广泛的安山岩分布，因此有"安山岩线"之称。中国从前震旦纪到新生代有较多的安山岩发育，主要出露在东部及沿海地区。与安山岩有关的矿产有铁、铜、金、银、铅、汞等。色泽美观的安山岩可做良好的装饰石材和建筑石材。

粗面岩　中性火山岩。成分相当于深成正长岩。SiO_2 平均含量为 61.21%，Na_2O+K_2O 平均为 10.45%（$Na_2O > K_2O$），CaO 为 2.34%。岩石多为灰色、灰白、灰红色。常见斑状结构，基质为全晶质粗面结构、玻基交织结构、球粒结构、霏细结构。多为块状构造，也可见气孔和杏仁构造。主要矿物为碱性长石、中酸性斜长石、辉石、角闪石、黑云母。可含少量石英，一般＜5%。长石含量变化于 45%～85% 之间，可形成斑晶和微晶。长石主要是正长石、透长石、歪长石、更长石等。副矿物有楣石、锆石、磷灰石、磁铁矿。粗面岩按其碱的含量和矿物特征不同可分为钙碱性粗面岩和碱性粗面岩。前者 Na_2O+K_2O 一般不超过 12%，不含碱性暗色矿物和似长石；后者多数大于 12%，并以含有碱性暗色矿物和少量似长石（＜5%）为特征。钙碱性粗面岩根据暗色矿物和石英含量不同可再分为辉石粗面岩、角闪粗面岩、黑云母粗面岩、石英粗面岩（石英含量达 5%～20%）。碱性粗面岩可根据碱性暗色矿物种类分为霓辉粗面岩、钠闪粗面岩、霓石粗面岩等。粗面岩常见的次生变化为泥化，绢云母化、硅化、黝帘石化，低温热液蚀变可有沸石化和明矾石化。粗面岩分布不如玄武岩、安山岩广泛，常以岩钟、岩穹和小岩流产出。各个地质时期均有。中国主要分布在青海、甘肃、江苏、安徽等地。粗面岩可做陶瓷原料、耐酸材料和建筑材料，富钾的粗面岩可做钾肥原料。

角斑岩　中性海相喷出岩。外貌致密似角质得名。1874 年首先由德国地质学家 C.W. 冈贝尔提出，成分与安山岩、粗面岩、英安岩相当，但以高碱为特征：Na_2O+K_2O 为 5％～13％，一般为 8％，Na_2O 明显大于 K_2O。岩石为浅褐、浅绿、灰绿色。多具斑状结构，斑晶主要为钠长石或钠 - 更长石。偶见暗色矿物如辉石、角闪石、黑云母，但多已绿泥石化、绿帘石化。基质多为隐晶质，为粗面结构、微晶结构和霏细结构。基质矿物成分为钠长石或钠 - 更长石、钾长石、石英（含量 0～20％）、绿泥石、绿帘石、黝帘石、方解石、沸石、榍石和铁质矿物的微晶。如果钾长石多，并有黑云母，K_2O 较高（$K_2O > Na_2O$），则称为钾质角斑岩；如果石英含量大于 20％，则称为石英角斑岩。角斑岩与碱性粗面岩和蚀变强烈的安山岩容易混淆，此时要从岩石的产状和岩石的共生组合来区别，角斑岩有特定的产状，是"优地槽"火山作用的产物，总是和细碧岩、石英角斑岩共生组成细碧 - 角斑岩建造。而强烈蚀变的安山岩常常产出在矿体附近的蚀变带中。角斑岩不含碱性暗色矿物如霓辉石、霓石、钠闪石等，也不含似长石而与碱性粗面岩区别。角斑岩在前震旦纪至古生代及燕山期均有大量形成，中国主要分布在西北秦岭地区，如甘肃、青海、陕西和湖北西北部等地，西南地区也有出露。

斑岩　具斑状结构特征的火成岩。各类火山岩和浅成岩中均可形成。特点是组成岩石的矿物颗粒大小分为截然不同的两部分，中间基本无过渡粒级。大的称斑晶，小的和玻璃质称为基质。斑晶和基质形成在不同的结晶阶段，斑晶多在岩浆于深处或上升运移过程中先晶出，结晶时间较长，故自形（结晶）程度一般较好，生长得较大，随后携有斑晶的岩浆上升到地壳浅处或溢出地表快速冷却，形成了矿物微晶、雏晶，甚至来不及

辉绿玢岩

结晶而形成的玻璃质，即为基质，结果便形成了大小不同、结晶世代不同的两个矿物群体。当斑晶只能在显微镜下看出时，称显微斑状结构。如果基质矿物结晶较粗，肉眼很容易能清晰地看清矿物颗粒，可称似斑状结构。在地下深处先形成的斑晶随岩浆上升到地壳浅处或溢出地表，由于温度、压力的变化，斑晶常常会被熔融成不规则的边缘或熔蚀洞。有些暗色矿物斑晶如角闪石、黑云母还常形成暗化边。现在习惯上把钾长石、石英为斑晶的岩石称为斑岩，如花岗斑岩、正长斑岩。把斜长石和暗色矿物为斑晶的岩石称为玢岩，如辉绿玢岩、闪长玢岩。有些既有碱性长石，又有斜长石和暗色矿物做斑晶的岩石，习惯上也称为斑岩，如二长斑岩、花岗闪长斑岩。斑岩和玢岩是常见的火成岩，多成小岩体、小岩流、岩床、岩脉产出。与斑岩、玢岩有关的矿产主要有斑岩铜矿、斑岩钼矿、斑岩钨矿、玢岩铁矿等。有些半风化的粗面质或粗安质斑岩，因含人体所需要的多种微量元素并被溶出而称为药石——麦饭石。

[四、酸性岩]

火成岩的一大类。SiO_2 含量大于 66％，是各类火成岩中 SiO_2 含量最高者，一般变化范围为 66％～75％，平均含量为 71.30％。$FeO+Fe_2O_3$、MgO 含量又是各类火成岩中最低的，其平均含量分别为 2.85％ 和 0.71％，K_2O+Na_2O 含量较高，平均含量可达 7％～8％。矿物成分特点是铁镁矿物含量是各类火成岩中最少的，但富含硅铝矿物。铁镁矿物与硅铝矿物含量比一般为 10：90。

花岗岩（8cm×12cm，广东台山）

硅铝矿物主要为钾长石类、中酸性斜长石和石英。铁镁矿物主要为黑云母，其次有角闪石和辉石。副矿物有榍石、锆石、磷灰石、磁铁矿。根据岩石 K_2O+Na_2O 的含量可把酸性岩分为钙碱性系列酸性岩和碱性系列酸性岩。钙碱性系列常见的主要岩石：深成侵入岩有黑云母花岗岩、角闪花岗岩、二长花岗岩、花岗闪长岩等；浅成侵入岩有花岗斑岩、细粒花岗岩、石英斑岩；喷出岩有流纹岩、英安岩、黑曜岩、珍珠岩、松脂岩等。碱性系列常见的主要岩石：深成侵入岩有碱性花岗岩；浅成侵入岩有霏细花岗岩；喷出岩有碱流岩、碱性流纹岩。酸性岩常形成巨大的岩基和岩株，并与多种金属矿床有密切关系，是良好的建筑石材和装饰石材。

花岗岩　富硅的酸性侵入岩。1596 年首次使用花岗岩这一术语，当时是形容一种粒状的岩石。

花岗岩多为肉红色、浅灰色、灰白色。其化学成分特点是 SiO_2 含量高，大于66%；富含 K_2O、Na_2O，平均含量为6%～8%；而 FeO、Fe_2O_3、MgO、CaO 含量较低。花岗岩一般矿物成分主要由石英、碱性长石和酸性斜长石（有的也可为中酸性斜长石）

花岗岩

组成，含量达85%以上，其中石英含量大于20%。碱性长石包括正长石、微斜长石、条纹长石和含钙长石分子小于5%的钠长石。次要矿物为黑云母，也可有角闪石和辉石，含量为10%左右。典型的花岗岩其矿物成分特征是含黑云母（＜10%）、钾长石和更长石，钾长石多于更长石，含量占长石总含量的65%～90%，石英含量为30%左右。副矿物常有锆石、榍石、磷灰石、电气石、磁铁矿等。花岗岩常见的次生变化有钠长石化、云英岩化、绢云母化、泥化、硅化、绿泥石化等。根据 K_2O、Na_2O 与 SiO_2 的关系，可分为钙碱性系列和碱性系列花岗岩。钙碱性花岗岩中主要为普通角闪石、普通辉石、透辉石。碱性花岗岩中主要为碱性角闪石和碱性辉石，如钠闪石、蓝闪石、霓辉石和霓石等，还常含稀土微量元素的副矿物如星叶石、独居石等。

花岗岩的结构多为半自形粒状结构，又称花岗结构，可有粗、中、细不同粒级，也可见似斑状结构、斑状结构。花岗结构的特点是暗色矿物比较自形（结晶较好），斜长石自形程度又比钾长石好，石英自形程度最差，多为他形不规则粒状或填隙状，有时

花岗岩地貌景观（江西玉山三清山秀峰）

与钾长石形成文象交生结构或蠕虫结构。花岗岩的构造多为块状构造，也可有斑杂构造、条带状构造、晶洞构造、似片麻状构造，少数花岗岩还有特殊的球状环斑构造（又称更长环斑结构）。

花岗岩根据其铁镁矿物不同，钾长石与斜长石含量的差别，还可分为不同的种属，常见的种属有黑云母花岗岩、角闪花岗岩、白云母花岗岩、二云母花岗岩、碱长花岗岩、二长花岗岩、白岗岩、花岗闪长岩、霓辉石花岗岩、霓石花岗岩、钠铁闪石花岗岩、英云闪长岩、更长环斑花岗岩、紫苏花岗岩、花岗斑岩、花岗闪长斑岩等。

花岗岩（包括花岗岩类）根据其物质来源和产出的构造背景，从成因上可分为I型、S型、A型和M型四种不同类型。I型为未经风化的火成岩经熔融形成岩浆的产物；S型为经风化的沉积岩（泥质岩为主）熔融形成岩浆的产物；A型为地幔玄武岩浆演化或玄武质岩浆上升后受地壳不同程度的混染或亏损地壳熔融的产物，主要产于裂谷带和稳定大陆板块内部；M型为地幔上升的岩浆与地壳同熔混合形成的产物，产于某些大陆边缘。从地质构造方面考虑，又可分为造山花

岗岩和非造山花岗岩，造山花岗岩包括 I 型和 S 型，非造山花岗岩包括 A 型。

花岗岩在地壳中是分布最广泛的侵入岩，常成大规模的岩基产出，也有成岩株、岩盖、岩脉产出的。大型花岗岩岩基常是同一时代或不同时代多次侵入形成的复式岩体。从时代上看，自前震旦纪至新生代，伴随着每一次构造运动均有花岗岩体形成，尤以前震旦纪和燕山期最广泛。从地质构造位置看主要分布在褶皱区及地台结晶基底上。从成因上看，前震旦纪的花岗岩多为交代形成，而燕山期以后的花岗岩则以岩浆成因为主。中国东部地区，特别是华南地区有广泛的花岗岩出露，约占华南地区总面积的四分之一，达 20 多万平方千米，以南岭花岗岩为代表。西部地区如昆仑山脉中也有不少花岗岩分布。

花岗岩（包括花岗岩类）的成因有两种代表性的观点，即岩浆成因说和交代成因说（花岗岩化）。岩浆成因的花岗岩（类）是指由花岗质岩浆侵位冷却形成的，岩浆形成后常常经过运移，上升到异地冷却、凝固，所以又称异地花岗岩。交代成因的花岗岩是指先存的岩石多在固态或半固态下，由于交代作用而形成的，没有经过岩浆形成的阶段和运移，是原地形成的，故又称为原地花岗岩。

花岗岩与矿产关系密切，常见有多金属和稀有金属矿床，如钨、锡、钼、铜、铅、锌、锑、铍、铌、钽、铀、金等。中国江西、广东、福建、湖南等省以钨、锡、铍、铀等有工业价值矿床而著名。花岗岩还是优良的建筑石材，颜色美观的是高档装饰石材。

流纹岩　酸性喷出火山岩。成分与深成花岗岩相当。因常发育有流纹构造而得名。一般为灰色、灰白、灰黄、灰红色。其化学成分以富 SiO_2 为特点，是各类火成喷出岩中含 SiO_2 最高的，平均含量为 72.82%。

流纹岩（河北赤城）

根据成分特点流纹岩分为钙碱性系列和碱性系列两个类型，其化学成分和矿物成分有所不同。①钙碱性系列流纹岩以富钙而贫碱为特征，$CaO > 1\%$，$K_2O+Na_2O < 8\%$，$K_2O > Na_2O$。主要矿物为钾长石、

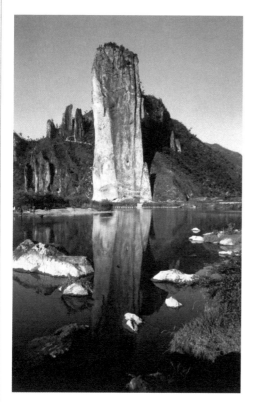

流纹岩地貌景观（浙江缙云山仙都鼎湖峰）

酸性斜长石和石英，少量黑云母，偶见辉石，岩石具斑状结构或无斑隐晶质结构。长石和石英常成为斑晶，常有熔蚀现象。年代较新的流纹岩中长石、石英斑晶多为高温种属如透长石、β-石英。基质中可能还有鳞石英和方石英，这些高温矿物往往不稳定，容易转变为低温种属。副矿物常为磁铁矿、磷灰石。岩石基质多为霏细结构、球粒结构和半晶质-玻璃质结构。岩石具流纹构造外，多为块状构造，还有珍珠构造、气孔构造、石泡构造等。1982年在中国四川发现一种流纹岩新种属——富钡流纹岩，斑晶为钡冰长石和石英，基质由钡冰长石、石英微晶和绢云母组成。②碱性系列流纹岩以贫钙富碱为特征，$CaO < 1\%$，$K_2O+Na_2O > 8\%$，Na_2O含量常大于K_2O。岩石也呈斑状结构或无斑隐晶质结构。斑晶常为钠透长石、钠长石、歪长石，石英很少或没有，可见透辉石、普通辉石或碱性暗色矿物如霓辉石、霓石、钠闪石、钠钙闪石等。基质结构构造和钙碱性流纹岩相同，此外，还可有粗面结构，粗面-霏细结构。

流纹岩次生变化常有硅化、泥化、绢云母化等。产状常为岩钟、岩丘和小规模的岩流。中国的流纹岩主要分布在东部地区，尤以东南沿海一带更多见。与流纹岩有关的矿产有金、银、铜、铅、锌和铀；非金属矿有沸石、蒙脱石、高岭石、叶蜡石、明矾石、萤石等。

英安岩　相当于花岗闪长岩的火山岩。SiO_2含量为$63\%\sim68\%$，平均65%，CaO 4.32%，Na_2O+K_2O 7.5%，$Na_2O > K_2O$。多为浅灰、灰白、灰绿、灰红、深

灰等色。斑状结构、霏细结构，或为无斑隐晶质结构。块状构造，也有气孔构造。主要矿物成分为中－更斜长石，其次是石英和钾长石（正长石、透长石），常见的暗色矿物为角闪石、黑云母、辉石。斜长石和钾长石成斑晶和基质，暗色矿物则多在斑晶中出现，基质中没有或很少。长石中以斜长石为多，一般占长石含量的三分之二以上，斜长石常有环带构造和聚片双晶。石英含量大于 20%，一般为 20%～30%，成斑晶的石英，多见熔蚀现象，或为双锥形。按暗色矿物斑晶成分把英安岩分为辉石英安岩、角闪石英安岩、角闪石黑云母英安岩、黑云母英安岩等种类。常见的次生变化为黏土化、绢云母化、硅化、绿泥石化、碳酸盐化。英安岩岩浆黏度较大，多成岩钟、小岩流产出。英安岩数量较少，主要分布在大陆造山带内。中国主要分布在东部地区，尤以东部沿海一带常见，常与流纹岩、安山岩共生。

黑曜岩　玻璃质酸性火山岩。SiO_2 含量大于 66%，一般为 70%以上。多为黑色、黑褐色，玻璃质结构，部分可见强熔结凝灰结构，致密块状。有明显的玻璃光泽，断口平整光滑或具贝壳状，主要由玻璃质组成，性脆易碎，可有少量的

黑曜岩（6cm×9cm，美国）

斑晶或雏晶。有的可见石泡构造，可含 2%的水。黑曜岩有一些独特的物理性能，如容重小、易破碎、导热系数低、绝缘性好、耐火度高、吸音性好、吸湿性小、抗冻耐酸、膨胀性好等。广泛应用于建筑、冶金、石油、化工、电力、农田改良、铸造等方面。工业上使用的技术指标要求和珍珠岩相同。黑曜岩多与其他酸性火山岩共生，其分布地区多和珍珠岩一致。

松脂岩　玻璃质酸性喷出岩。成分和流纹岩相当，SiO_2 含量多在 70%以上，但含水量较高，一般大于 6%为其特征。岩石颜色多样，常见有灰、灰黑、黑色、浅绿、红褐、黄白等色，有的颜色均匀，有的呈条带状。岩石有较好的油脂光泽

松脂岩

和松脂光泽，断口光滑平整，也有贝壳状的。岩石主要由玻璃质组成，可有少量的长石斑晶或针状雏晶。玻璃质结构，有的有球粒结构。松脂岩的物理性质和工业使用要求和珍珠岩相同。由于松脂岩含水较多，其膨胀性一般比黑曜岩、珍珠岩好。松脂岩多与珍珠岩、黑曜岩共生，其分布也基本相同。

珍珠岩　酸性火山岩。化学成分和流纹岩相当，$SiO_2 > 66\%$，但含水较高，一般含水为 $2\% \sim 6\%$。岩石颜色多样，常见有黄白、灰白、灰、灰黄、灰绿、黄绿、肉红、灰褐和灰黑等颜色。结晶程度很差，几乎全由玻璃质组成，可有少量的晶体或细小雏晶。玻璃质中有大量的弧形裂纹，因而形成似豆粒状的珠球，称珍珠构造，故名珍珠岩，也有人称为球珠岩。珠球可成层出现，也可孤立散布在玻璃质中。岩石断面光滑，或呈贝壳状，有清晰的玻璃光泽、性脆、易破裂，具有耐火性和在瞬间高温条件下发生膨胀的性能，耐火度高达 $1300 \sim 1380℃$，膨胀系数可达 $7 \sim 30$ 倍以上。膨胀性能越高，质量越好。珍珠岩还有容重小、导热系数低、耐火度好、吸音性好、吸湿性小、抗冻、耐酸、绝缘性好等许多优异性能，广泛应用于建筑、冶金、石油、化工、电力、炉窑、冷热管道、保温设备、农业上的保肥和土壤改良剂等诸多方面。一般在工业上要求珍珠岩的膨胀系数应大于7。

根据质量要求一般把珍珠岩及其原料分为三级：一级为优质品，可作为超轻质材料；二级为中等品质，可作为轻质骨料；三级属下等质量，可作为混凝土骨料。从感观上可根据珍珠岩的颜色、光泽、断口特征等物性判断其质量的好坏。如岩石质地纯正、杂质少，有较强的玻璃光泽或油脂光泽，贝壳状断口发育，

珍珠岩

性脆易碎成片状，碎片边缘尖锐透明或半透明，这样的珍珠岩工业质量较好。岩石颜色较浅的一般膨胀性能较好，颜色较深的一般膨胀性能较差。全玻璃质的珍珠岩其膨胀性能好，隐晶质、雏晶或斑晶含量愈多的，其膨胀性能也愈差。有明显流纹构造和含角砾的珍珠岩，膨胀性能较差。另外含水多的珍珠岩其膨胀性能好，含水少又富含铁质的膨胀性能差。中国的珍珠岩资源丰富，分布遍及全国各地，比较集中产出的地区有内蒙古、黑龙江、辽宁、河北、河南、山东、浙江等地。形成时代主要为中生代时期。

紫苏花岗岩　与变质作用有成因关系的特殊花岗岩。与花岗岩或英云闪长岩（斜长花岗岩）成分相当。化学成分特点是 SiO_2 含量常为 70% 左右，Na_2O+K_2O 为 7%～8%，$K_2O > Na_2O$，K_2O 约为 3%～7%。其外貌与粗粒片麻岩相似。颜色较一般花岗岩深。主要矿物成分有石英、钾长石、酸性斜长石、紫苏辉石和石榴石。钾长石为正长石或条纹长石，条纹的成分不是钠长石，而是更长石至中长石为其特征，有时可见反条纹长石（钠长石中有钾长石条纹）。有时可含少量的单斜辉石、普通角闪石或黑云母。岩石具中粗粒半自形粒状结构（花岗结构），块状或片麻状构造。主要产在古老的前寒武纪深变质地层中，常与麻粒岩共生。中国内蒙古、河北迁安地区老变质岩系中有紫苏花岗岩。有关紫苏花岗岩的成因一直有不同看法，一般认为是深变质过程中花岗岩化的结果，形成温度大于 700℃，压力大于 0.5 吉帕。

更长环斑花岗岩　结构特殊的一种花岗岩。化学成分、矿物成分与一般花岗岩相同。主要矿物为钾长石、石英、更长石、黑云母。但具似斑状结构——更长环斑结构。钾长石常成粗大的斑晶，多呈球状、卵球状。其成分主要为微斜长石或条纹长石，斑晶常包围有一层更长石环圈，有时为钠长石或中长石环。钾长石斑晶可成具卡式双晶的单个晶体，也可由几个不规则状或扇状的晶体集合体组成。钾长石斑晶中还常包裹有长石、石英、黑云母和角闪石小晶体，有些也成环状分

更长环斑花岗岩

布或在斑晶核心相对集中。岩石基质主要为钾长石、石英、少量酸性斜长石和黑云母，有时有角闪石。基质结晶一般较粗，常为中粗粒结构。副矿物常有锆石、磷灰石和磁铁矿。与更长环斑花岗岩相近似的岩石有更长环斑细晶岩、更长环斑正长岩。更长环斑花岗岩成因有岩浆成因说、变质交代成因说两种观点。多发育在古老的前寒武纪地层中，常与其他中酸性侵入岩共生。中国的更长环斑花岗岩主要分布在北京市密云、河北赤城、辽宁桓仁、江西上饶和乐平、陕西商州、福建漳州等地。其中密云的更长环斑花岗岩结构最典型和美观。

[五、碱性岩]

广义的碱性岩一般指含钾、钠较高的火成岩，可通过计算钾、钠含量对硅含量的比值来确定。计算方法有多种，常用的是 A. 里特曼指数"δ"值（又称组合指数），不管哪类火成岩，δ 值大于 3.3，即可定为碱性岩。通常所说碱性岩均指狭义的碱性岩，其代表性岩石为霞石正长岩、响岩类火成岩。岩石化学成分特点是 SiO_2 不饱和的中性岩，K_2O+Na_2O 含量高，一般大于 10%，有的可达 18%。

在矿物成分上以出现碱性辉石、碱性角闪石和似长石为特征。长石以碱性长石为主（钾长石和钠长石）不含石英。黑云母为富铁的黑云母。副矿物较复杂，常见的有锆石、磷灰石、榍石、萤石、方解石、尖晶石、磁铁矿、铬铁矿以及一些含稀有稀土元素的矿物如独居石、褐帘石、黑榴石、钙铈磷矿、硅铈矿、异性石、星叶石、铌铁矿等。岩石结构多为半自形粒状结构、嵌晶结构、似粗面结构、粗面结构和隐晶质结构。构造多为块状构造、条带状构造、斑杂构造等。常见的岩石种属有霞石正长岩、霓霞岩、霞石岩、黄长岩、响岩、白榴岩等。岩石的次生变化常有泥化、沸石化、绢云母化、绿泥石化、碳酸盐化等。碱性岩分布少，规模小，产状多为小岩株，岩床、岩盖、岩脉、小岩流、岩钟等。主要分布在地质构造稳定区的边部、隆起带或裂谷带中。从前寒武纪至新生代均有碱性岩形成，总的规律是古生代前以碱性侵入体为主，而中新生代以后的碱性岩以喷出岩居多。与碱性岩有关的矿产主要为稀有和稀土元素矿床，不仅类型多，且十分丰富。中国先在山西临县紫金山发现碱性岩，后又在云南、四川、河南、辽宁、江苏、安徽、黑龙江、西藏等地均有发现。

霞石正长岩　一种碱性岩。以含 Na_2O+K_2O 很高为特点，平均含量为 13.8%。SiO_2 含量平均约55%，CaO 为2.31%。岩石颜色较浅，为浅灰、浅灰红、浅灰绿色。常见结构有半自形粒状结构、嵌晶结构和似粗面结构。常见构造有块状、条带状、斑杂和似片麻状等多种。主要矿物为各种碱性长石（正长石、歪长石、微斜长石和条纹长石）和各种似长石（以霞石为主，其次有方钠石、方沸石、黝方石等）。次要矿物为碱性辉石、碱性角闪石和富铁黑云母，还有多种副矿物如锆石、磷灰石、榍石、黑榴石、异性石和磁铁矿等。霞石正长岩通常是含义较广泛的名称，它包括了多种种属，常见的有云霞正长岩、流霞正长岩、霓霞正长岩、异性霞石正长岩、暗霞正长岩等。霞石正长岩较易次生变化，如泥化、绢云母化、沸石化、硅化。霞石正长岩有时容易误认为花岗岩或正长岩，但霞石正长岩不含石英与花岗岩区别，又含较多的似长石（＞5%）而与正长岩不同。霞石正长岩规模较小，常呈小岩株、岩床、岩盖、岩脉产出，很少成独立岩体，多与碱性正长岩或碱性辉长岩共生形成杂岩体。中国山西临县紫金山先发现霞石正长岩体，以后在云南、四川、河南、辽宁等又陆续发现。与其有关的矿产主要是稀有和稀土元素矿床，不仅类型多，而且十分丰富。

响岩　成分相当于霞石正长岩的火山岩。一般为浅灰色、灰白色或灰褐色。因最初人们敲击这种具板状节理的岩石发出较大的响声而得名。具斑状结构或无

白榴石响岩（6cm×9cm，江苏铜井）

斑隐晶质结构，基质为微粒结构、似粗面结构。块状构造，少数见气孔构造。主要矿物为碱性长石、似长石和碱性暗色矿物，也可有非碱性暗色矿物。碱性长石以透长石为主，其次为歪长石、正长石、条纹长石、钠长石，斜长石多为高温种属，少见。似长石常见有霞石、白榴石、方钠石、方沸石、黝方石、蓝方石等。碱性暗色矿物含量一般为10%～15%。碱性长石、似长石和碱性暗色矿物可形成斑晶和基质。副矿物常见的是榍石，其次有磷灰石、锆石、钛磁铁矿等。根据似长石的种类和含量不同响岩可分为三个常见的种属：霞石响岩（最常见）、白榴石响岩和黝方石响岩。其次有方钠石响岩、蓝方石响岩和方沸石响岩。响岩常见的次生变化是沸石化，其次是绢云母化、泥化和碳酸盐化。响岩出露规模小、多呈小岩流、小岩钟产出，在中国发现不多，只在江苏娘娘山、山西临县紫金山、辽宁、西藏巴毛穷宗有分布。

［六、煌斑岩］

　　暗色矿物含量较多的暗色脉岩。成分上多数与中－基性岩相近，少数与超基性岩相似。SiO_2含量变化于28%～52%之间，铁镁氧化物、钾、钠、磷及挥发分较高。按化学成分特点分为钙碱性系列和碱性系列煌斑岩。常见的暗色矿物为角闪石和黑云母，其次为辉石，橄榄石少见。浅色矿物常为长石类（钾长石和斜长石），其次为似长石类矿物。副矿物有磷灰石、锆石、榍石和磁铁矿。岩石多具斑状结构，也有等粒结构，有的结晶较细。暗色矿物自形程度较高，是煌斑岩的特征结构，故又称煌斑结构。当煌斑岩结晶较细其长石种属无法鉴定时，可根据暗色矿物特征分为云母煌斑岩、角闪煌斑岩和辉石煌斑岩。如果长石种属能确定，可结合长石和暗色矿物种类进一步划分煌斑岩种属。

　　表中棕闪煌斑岩、碱煌岩和黄长煌斑岩属碱性系列，以含似长石类和碱性暗色矿物为特征。其他属钙碱性系列。煌斑岩较易风化蚀变，常见有碳酸盐化、绿泥石化、泥化等。煌斑岩多呈脉状产出。钙碱性煌斑岩类常产在酸性侵入岩地区，碱性煌斑岩类则常与碱性杂岩体和碳酸岩体共生。煌斑岩类在自然界中较常见，中国各地都有煌斑岩产出。煌斑岩成因较复杂，主要有两种看法：一种为"分异说"，认为煌斑岩是由岩浆结晶分异或熔离分异作用形成；另一种为"同化混染说"，认为煌斑岩是由于基性岩浆同化了大陆硅铝层岩石形成的。

煌斑岩分类

暗色矿物　　长石种类	正长石为主	斜长石为主	似长石类
黑云母	云煌岩	斜云煌岩	黄长煌斑岩
普通角闪石、辉石	闪辉正煌岩（正煌岩）	斜闪煌斑岩拉辉煌斑岩	
棕闪石、钛辉石		棕闪煌斑岩	碱煌岩

［七、伟晶岩］

　　由粗粒或巨粒矿物组成的，脉状、透镜状或不规则团块状的侵入岩。具伟晶结构，矿物颗粒大于 5 厘米，一般都达 10 厘米以上，且常常不均匀。中国新疆一伟晶岩中的一个绿柱石巨晶重达 50 吨左右。

　　伟晶岩矿物成分可以较单一，也可以比较复杂，常常与相应的深成岩在时间和空间上有成因联系。但也常出现一些与相应侵入岩成分无关的含微量元素和稀有元素的矿物（如

文象伟晶岩（6cm×9cm 河北宣化）

霞石正长伟晶岩

含 Li、Be、U、La、Nb、Ta 的矿物）和富含挥发分的矿物（如白云母、黑云母、锂云母、黄玉、电气石、绿柱石、褐帘石、铌钽铁矿、萤石、锂辉石等）。伟晶岩按主要矿物成分与相应各类侵入岩的成分可分为辉石伟晶岩、辉长伟晶岩、闪长伟晶岩、花岗伟晶岩、正长伟晶岩等种属。其中最常见的、分布最广的是花岗伟晶岩。伟晶岩的规模变化较大，一般长数米至数十米，厚数厘米至数米。伟晶岩内部构造有的单一，有的有分带现象，较完整的由外向内分为边缘带、外侧带、中间带和内核带。边缘带一般结晶细，由细粒长石和石英组成，成分相当于细晶岩。外侧带结晶变粗，由斜长石、钾长石、石英、白云母等矿物组成，成分相当于花岗岩。中间带矿物粒度更粗，由块状钾长石，少量石英组成，矿物粒径多大于 10 厘米。内核带处于伟晶岩脉中央，主要矿物是石英，与石英共生矿物则较复杂。核心带常有晶洞、晶腺构造。关于伟晶岩的成因，有三种较有代表性的看法：①认为岩浆侵位后由富水硅酸盐岩浆经过三个不同阶段冷却结晶形成。②认为是从花岗质岩浆房中分离出来的、顶部富硅的岩浆注入围岩中并在半封闭状态下经结晶分异形成。③交代成因说，认为没有专门的伟晶岩浆，是花岗质岩石经后来气体和热液的作用交代结晶形成。伟晶岩与稀土、稀有元素矿

文象伟晶岩

床密切相关，白云母矿、水晶矿、长石矿、宝石级的电气石、绿柱石和黄玉也多产在伟晶岩中。中国伟晶岩分布较广，有片麻岩出露的老地层和花岗岩发育区，几乎都可找到伟晶岩。

[八、细晶岩]

缺少暗色矿物并具细晶结构为特征的浅色脉岩。所有矿物结晶较细，均为细粒他形粒状结构，貌似砂粒状。细晶岩基本上全由钾长石、斜长石和石英等浅色矿物组成。有时可有少量黑云母、白云母、角闪石、辉石。

根据矿物成分不同，细晶岩有不同种类，如辉长细晶岩、闪长细晶岩、斜长细晶岩、花岗细晶岩、钠长细晶岩、歪正细晶岩、霓霞细晶岩。最常见的是花岗细晶岩，所以通常所说细晶岩多是指花岗细晶岩。花岗细晶岩成分和花岗岩相同，灰白色、浅肉红色，具典型的细晶结构，几乎全由钾长石、石英和酸性斜长石组成。可有极少量的黑云母和白云母，副矿物有磷灰石、磁铁矿。有些花岗细晶岩还有绿柱石、黄玉、电气石、褐帘石。细晶岩一般呈小岩脉产于相应的深成侵入岩体裂隙中，有时也形成于围岩的裂隙中。关于细晶岩的成因，多认为是侵入体冷却后残余的岩浆沿岩体及附近围岩中的裂隙充填形成的，也有人认为有些细晶岩是变质交代或岩浆混染作用形成。手标本鉴定时细晶岩与霏细岩有时不易区分，但细晶岩是全晶质他形细粒状结构，霏细岩则是隐晶质致密状，有瓷状断口特征。细晶岩与一些硫化矿脉和铌钽矿床有关。中国湖南有这种铌钽矿床类型。

第四章 沉积岩岩石学

［一、沉积岩］

地表和地表下不太深的地方形成的地质体，它是在常温常压条件下由风化作用、生物作用和某种火山作用产生的物质经过改造（如搬运、沉积和成岩作用）而形成的岩石。曾称水成岩。它是组成地壳的三大岩类（火成岩、沉积岩和变质岩）之一。沉积物是沉积岩的前身，是陆地或水盆地中的松散碎屑物、沉淀物、生物物质等，如砾石、砂、黏土、内碎屑、鲕粒、生物残骸、灰泥、石膏、岩盐等。主要是母岩风化的陆源与内源物质，其次是火山喷发物、有机物和宇宙物质等。沉积岩的体积只占岩石圈的 5%，但其分布面积却占陆地面积的 75%，大洋底部几乎全部为沉积岩或沉积物所覆盖。沉积岩种类很多，其中最常见的是泥质岩、砂岩和石灰岩，它们占沉积岩总数的 95%。沉积岩中蕴藏着大量沉积矿产，如煤、石油等能源矿产，非金属、金属和稀有元素矿产等。

化学成分　因沉积岩中的主要造岩矿物含量差异而不同。下表是沉积岩的平均化学成分含量。

沉积岩平均化学成分（氧化物百分含量）

氧化物	沉积岩 （克拉克，1924）	沉积岩 （舒科夫斯基，1952）
SiO_2	57.95	59.17
TiO_2	0.57	0.77
Al_2O_3	13.39	14.47
Fe_2O_3	3.47	6.32
FeO	2.08	0.99
MnO	–	0.80
MgO	2.65	1.85
CaO	5.89	9.90
Na_2O	1.13	1.76
K_2O	2.86	2.77
P_2O_5	0.13	0.22
CO_2	5.38	–
H_2O	3.23	–
总和	98.73	99.02

造岩组分　包括碎屑组分、化学－生物化学组分、蒸发化学组分、有机质衍变组分、火山喷发组分、宇宙物质组分等。

碎屑组分　按物质来源又分下列几种：①陆源碎屑。由早先生成的岩石经风化、剥蚀形成的碎屑，包括岩石碎屑和矿物碎屑。陆源矿物碎屑主要是硅－铝质的。②内碎屑。沉积盆地内弱固结的沉积物经水流、风暴、滑塌或地震等作用破碎并再沉积而形成的碎屑。常见的是碳酸盐岩的内碎屑，也有泥质岩、铝质岩、磷质岩、硅质岩、石膏岩甚至盐岩的内碎屑。③生物骨骼碎屑。大多是盆地内的钙质及硅质的生物骨骼、壳体碎屑或壳体堆积而成，如甲壳类和珊瑚等，也包括微体动物的壳和壳屑，以及藻类和藻类碎屑等。

化学－生物化学组分　其中包括：①化学沉淀组分。由沉积区化学条件控制的硅、铝、铁、锰、磷和硅酸盐等组成的矿物，如铝硅酸盐黏土矿物和铝矿物。②由化学条件支配又受到生物、微生物细菌等的促进，如有些铁、锰、铜、铅等沉积矿物组分。③一些元素主要依靠生物体提供，如磷质岩中的磷来自海洋生物骨骸或陆地的鸟粪，硅质放射虫岩来自放射虫的硅质壳等。

蒸发化学组分　半封闭盆地内最常见的蒸发组分是方解石和白云石。在封闭盆地强烈蒸发条件下，可出现石膏、硬石膏、石盐、镁盐或钾－镁盐，或天然碱、苏打等。蒸发组分与干旱气候环境有关。

有机质衍变组分　各种低等和高等植物的根、茎、叶的堆积物和各种陆生的和水生的高等、低等以及微体动物的堆积物的有机质部分，经埋藏和细菌分解，可衍变为由碳、氢、氧不同比例聚合而成的有机酸、脂酸、醣、纤维素和有机碳等多种衍生组分，是构成煤、石油、天然气、油页岩等的主要成分。此外，有一些自然硫、锰、铁、铜、铅、锌、铀等在沉积岩中的聚集，也是在微生物或细菌活动的参与下造成的。

火山喷发组分　由于火山喷发而进入沉积岩的物质，包括凝灰质、矿物晶屑、喷发的岩石碎屑和岩浆的浆屑等。

宇宙物质组分　在沉积岩中含少量宇宙物质，如陨石、宇宙尘。

形成　风化产物（碎屑和溶解物质）及其他来源的沉积物经过搬运作用、沉积作用和成岩作用而形成沉积岩。对沉积物进行搬运和沉积的介质主要是水和大气，其次为冰川、生物等。形成过程受到古地理环境、大地构造格局的制约及古气候、古水动力条件等的影响，形成的沉积岩石类型丰富多样。

结构　组成沉积岩的组分的大小、形状和排列方式。它既是沉积岩分类命名的基础，也是确定沉积岩形成条件的重要特征和参数。按不同岩类分为下列几种：

根据碎屑颗粒（粒度、圆度、球度、形状及颗粒表面特征）、杂基和胶结物的特征，碎屑颗粒与杂基和胶结物之间的关系（胶结类型或支撑类型）的总和来划分。粒度以颗粒的直径来计量，它是反映碎屑岩形成环境的重要特征之一。圆度、球度和形状是表征碎屑颗粒形态的3个特征参数。圆度指颗粒的原始棱角受

深入地壳

奇妙的岩石学

机械磨蚀而圆化的程度。球度指颗粒接近球化的程度。颗粒的表面特征指颗粒表面的磨光度及显微刻蚀痕。杂基和胶结物是充填在碎屑颗粒之间的填隙物质。杂基是砂、砾碎屑岩石中较细粒的机械充填物，通常是粒度小于 0.03 毫米的细粒碎屑和黏土物质。当颗粒之间留下孔隙而无细粒充填物时，则造成颗粒支撑结构，而大小颗粒和泥质一起堆积下来便形成杂基支撑结构。胶结物是化学沉淀的物质，可分为原生和次生两种。常见的胶结物有碳酸盐、硅质、铁质和磷质等。根据杂基和胶结物与碎屑颗粒的相互关系，可分出各种胶结类型，如基底式、接触式、孔隙式和溶蚀式等。

　　泥质岩的结构根据黏土质点、粉砂和砂的相对含量，可将泥质岩（又称黏土岩）的结构划分为以下几种。按岩石结晶程度可分为非晶质黏土结构、隐晶质黏土结构、显微晶质黏土结构、粗晶黏土结构和斑状黏土结构。按黏土矿物结合体的形状分为胶状黏土结构、鲕状黏土结构、豆状黏土结构和碎屑状黏土结构。此外，还有生物黏土结构和残余黏土结构等。

按粒度划分的泥质岩结构类型

结构类型	各粒级百分含量		
	黏土	粉砂	砂
泥质结构	>95	<5	—
含粉砂泥质结构	>70	5～25	<5
粉砂泥质结构	>50	25～50	<5
含砂泥质结构	>70	<5	5～25
砂泥质结构	>50	<5	25～50

　　碳酸盐岩包括粒屑结构、生物格架结构、晶粒结构和残余结构。①粒屑（或颗粒）结构，由粒屑（或颗粒）、泥晶基质（或灰泥杂基）与亮晶胶结物组成。颗粒与泥晶、亮晶的相对含量可以反映岩石形成环境的介质能量条件。颗粒多、亮晶多，则介质能量高；颗粒少、泥晶多，则介质能量低。碳酸盐岩胶结物的结构类型有栉壳状、粒状、再生边及连生胶结等。胶结类型也可分为基底式、孔隙式和接触式等。②生物格架结构，主要是由原地固着生长的群体造礁生物形成的一种坚硬的碳酸钙格架。③晶粒结构，晶粒主要成分是方解石，其次是白云石。

晶粒从大于 5 毫米的到小于 0.05 毫米的不等，按晶粒大小分为：巨晶、极粗晶、粗晶、中晶、细晶、极细晶、微晶和泥晶。④残余结构，是因交代或重结晶作用不彻底，原岩中矿物成分和 / 或结构部分保留而形成。

火山碎屑岩根据不同粒级的火山碎屑物在火山碎屑岩中的含量可分为 4 种基本结构类型：集块结构、火山角砾结构、凝灰结构和火山尘结构。此外，还有塑变结构、沉凝灰结构和凝灰碎屑结构。

沉积构造　由成分、结构、颜色的不均一造成的沉积岩层内部和层面上宏观特征的总称。沉积岩的构造有物理和化学的，有无机和有机的，有原生和次生的。沉积岩的构造可用于推论沉积条件，判断地层顺序。类型划分见下表。

常见沉积岩构造的分类

物理成因的构造	化学成因的构造	生物成因的构造
层理	溶解构造	生物生长构造
水平层理、波状层理	缝合线	叠层构造
交错层理、平行层理	溶孔	核形构造
粒序层理、块状层理	沉淀与凝聚构造	凝块构造
层面构造	结核	生物障积构造
波痕、冲刷面	自生矿物晶体	生物活动构造
泥裂、雨痕、雹痕	碎屑砂岩再生长边	足迹
槽模、刻蚀模	溶解、沉淀或凝聚构造	遗迹
同生变形构造	叠锥	潜穴
重荷构造、角砾构造	龟背石	钻孔
砂球-砂枕构造	鸟眼构造	生物扰动构造
砂岩岩脉（泄水构造）	胶缩构造	
碟状构造、包卷层理		
滑坡构造、白齿构造		

物理成因的构造是指由机械作用形成的原生与变形构造。它是沉积环境的标志，包括 3 种类型：①层间构造，流体侵蚀冲刷先期沉积物所形成的表面痕迹和堆积形态。它能指示风、水流、波浪的运动方向。波痕是最常见的层间（面）构造。它是流体流经底床时床沙运动的形态，又称底形。②层内构造，又称层理，是流体在搬运过程中由载荷物质垂向和侧向加积形成。细层是组成层理的最小单位，代表瞬时加积的一个纹层。层系是成分、结构、形态相似的一组细层，代表一个

持续流体状况的加积物。层系组由一系列相似的层系所组成。不同特征的层系组分别构成水平层理（C_1）、波状层理（C_2）、板状交错层理（C_3）、楔状交错层理（C_4）、槽状交错层理（C_5）。粒序层理又称递变层理，指粒度由下而上有递变现象的沉积层。粒度自下而上由粗递变细的称正粒序；粒度做反向递变的称逆粒序。正粒序主要发育于现代浊流沉积和古代复理石层中。逆粒序见于

A-细层　B-层系　C-层系组

层理的基本类型

浊流沉积和某些颗粒流沉积中。粒序层理偶尔可见于牵引流（如河流）和三角洲沉积。③层的变形构造，又称同生变形构造。它是在准同生或沉积期后可塑性变形作用中形成的。变形作用有垂向为主和侧向为主之分。垂向变形的，主要由沉积物液化、重荷、潜水渗透、水位变动等原因造成，如泄水构造、重荷构造、球－枕构造、帐篷构造等。侧向变形的，主要由断裂剪切、重力滑动、水流拖曳诸原因形成，如滑塌、滑坡、变形层理（同生揉皱）、伏卧前积层等。大规模的侧向变形作用往往能诱导出垂向变形构造。现代和古代的碎屑岩和碳酸盐岩受地震影响后，可产生坍塌的角砾、砂体液化、层内褶曲、层内错动等。

化学成因的构造是指由溶解作用、化学沉淀与凝聚作用或复合因素形成的次生及原生构造。大多数产于碳酸盐岩和其他内源岩中。如：①结核构造，岩石中存在的成分与主岩有差异的核形物体，是在物理化学条件不均匀状况下，某种成核物质从周围的沉积物或岩石向成核中心富集而形成的。②鸟眼构造，碳酸盐岩中似鸟眼状孔隙被亮晶方解石或石膏、硬石膏充填的构造。大小多为 1～3 毫米，常呈平行层面排列。多产于潮上带，少数亦产于潮间带。它是由于露出水面的沉积物干燥收缩、灰泥中产生气泡或藻类腐烂而形成的孔隙，由亮晶沉淀物充填而

成。③缝合线，由于压溶作用形成垂直层面分布的锯齿状、头盖骨接合缝状、尖锋状等形态的缝隙。常见于碳酸盐岩及砂岩、硅质岩和盐岩层中。缝合线处常遗留有较多不溶残余物质。

生物成因的构造是指由生物生命活动形成的构造。包括生物生长构造和生物活动构造。①生物生长构造，是由生物的生长作用形成的一类特殊的沉积构造。主要产于碳酸盐岩和其他内源岩中。其中：叠层石构造是由蓝细菌分泌的黏液质捕获和黏结沉积物质点而成，或由富藻的和贫藻的碳酸盐（或其他内源沉积物）的双纹层构造生长叠置而成；核形石构造主要是由非同心状的藻类与细粒沉积纹层围绕滚动悬着核心体生长而成；凝块构造是只有生长构造外形，没有内部叠层构造。叠层构造的形态特征和变化，与藻类的光合作用强度、水流速度有关。②生物活动构造，是由生物的生机活动作用形成的沉积构造。其中：足迹是动物的足趾留在沉积物表面的印痕；遗迹是由于无脊椎动物蠕动爬行或啮食，在沉积物表面产生的沟槽；潜穴是由无脊椎动物在未完全固结的沉积物内部，为了居住或觅食所挖掘的各种洞穴、管道，常见的有垂直管型、斜交管型、水平管型和复杂分支管型潜穴系统等；钻孔是无脊椎动物为了寻食或庇护，在已固结岩石质海岸、海底或生物钙质壳上凿蚀的各种孔洞，钻孔一般分布于未被海侵沉积物覆盖的岩石质海底上，是判别海侵和海岸线的标志。生物扰动构造系指生物在沉积物中活动引起的对原生沉积构造的改造，并形成不规则状斑迹以至完全均质化结构的层理。

分类 沉积岩分类考虑岩石的成因、造岩组分和结构构造3个因素。一般沉积岩的成因分类比较简略，按岩石的造岩组分和结构特点的分类比较详细。图为沉积岩成因分类框图。

图中外生和内生实际上是指盆地外和盆地内的两种成因类型。盆地外的，主要形成陆源的碎屑岩，但是陆地的河流等定向水系可将陆源碎屑物搬运到湖、海等盆地内部而沉积、成岩；盆地内的，形成的内生沉积岩的造岩组分，除了直接由湖、海中析出的化学成分外，也可能有一部分来自陆地的化学或生物组分。因此，

外生的沉积物
碎屑的

内生的沉积物
化学的和生物化学的

压碎的沉积物
冰碛 冰碛岩

火成碎屑的沉
积物凝灰岩等

残余物
土壤

混合沉积物
钙质页岩
碳质页岩
凝灰质页岩

有机残余物
煤等

外力碎屑的沉积物
冲洗的残余物

粗分选	细分选
角砾岩 砾岩 砂岩	粉砂岩 泥质岩 页岩

沉淀的沉积物

非蒸发岩的 沉淀物 石灰岩和白 云岩磷质岩 含铁沉积物 燧石	蒸发岩 （来自卤水） 石盐 石膏 硬石膏

沉积岩的简化分类（不包括表生的沉积物）

可简单地概分为 2 类：①陆源碎屑岩，主要由陆地岩石风化、剥蚀产生的各种碎屑物构成。按颗粒粗细分为砾岩、砂岩、粉砂岩和泥质岩。其中主要为水成陆源碎屑岩，此外风和冰川在特定条件下可形成风成岩、冰碛岩。②内积岩，主要指在盆地内沉积的化学岩、生物－化学岩，也有波浪、潮汐作用堆积形成的颗粒岩（内碎屑岩、骨粒岩、鲕粒岩等）。内积岩按造岩成分分为铝质岩、铁质岩、锰质岩、磷质岩、硅质岩、蒸发岩、可燃有机岩（褐煤、煤、油页岩）和碳酸盐岩（石灰岩、白云岩等）。此外，由不同性质的流体可形成不同沉积。如浊流作用形成浊积岩，风暴流作用形成风暴岩，平流作用形成平流岩，滑塌作用可形成滑积岩，造山作用前后常可分别形成复理石和磨拉石。

分布　沉积岩的形成和分布在不同的地质时期有不同特征。

元古宙沉积岩相对比显生宙沉积岩老，而比太古宙变质岩年轻的岩石。虽然元古宙（25 亿年前至 5 亿多年前）沉积岩一般只分布在大沉积盆地的边缘，出露面积较少，但是其中包含了地球早期发展的信息。例如，27 亿年前后全球分布硅铁沉积岩（硅质条带状铁矿）；16 亿年前后出现火山岩和火山碎屑沉积岩；6 亿～7 亿年前后出现大面积冰川沉积岩（冰碛岩）以及大范围的叠层石白云岩等。此外，在中国华北发现了世界上最古老的宇宙尘，最古老的蓝细菌、藻类丝体以及其他早期生命活动的遗迹。元古宙的20亿年期间，发生地震、海啸、风暴、山崩、地裂、冰川、火山爆发等地质事件很多，这些地质现象在元古宙沉积岩中都可能找到记录。地质学家认为，元古宙时期大气中含二氧化碳多，海水中含镁比较高，是造成白云岩形成的主要原因，另外当时海洋中还没有出现以食藻类为生的动物，这就造成叠层石化石得以普遍保存。元古宙沉积岩形成在一种还未完全了解的沉积环境中。

显生宙沉积岩距今约4.5亿年以后，地球上的沉积岩中，海相和陆相的生物化石大量出现，这是显生宙沉积岩的特点之一。显生宙沉积岩主要分布在地球上的大小盆地内部，但随着造山带的崛起，在有些盆地的边缘也可以见到褶皱了的显生宙沉积岩，甚至是变质了的显生宙沉积岩。显生宙沉积岩中含有许多无机和有机矿产，例如：铁矿、锰矿、石盐矿、石膏矿、煤矿、石油和天然气等，有一些沉积矿产的分布是全球性的，如石炭－二叠纪的煤矿。在显生宙沉积盆地中发现的石油、天然气资源占了全球的90％以上，而这些沉积矿产都和砂岩、页岩、石灰岩、白云岩等共生在一起，因此，研究沉积岩的分布有重要意义。

［二、沉积作用］

广义指造岩沉积物质进行堆积和形成岩石的作用。包括母岩的解离（提供沉积物质）、解离物质的搬运和在适当场所的沉积、堆积，以及经物理的、化学的和生物的（成岩的）变化，固结为坚硬岩石的作用。狭义的指沉积物进行沉积的作用。更为狭义的指介质（如水）中悬浮状物质的机械沉淀作用。在沉积学中，常使用比较狭义的概念，把沉积作用定义为沉积物质在地表温度及大气压力下以成层方式进行堆积或形成的作用及过程，包括沉积物埋藏以前（即成岩作用开始以前）自风化、搬运以至堆积的全过程。风化作用是沉积作用过程中最早的一个阶段。沉积物质经风化作用形成之后进入搬运阶段。对沉积物进行搬运的主要营力是水和风，此外，还有重力和生物等的搬运。

风化作用　地壳最表层岩石在大气、水、生物等影响下进行的物理、化学和生物的三种作用，发生在岩石圈、水圈、大气圈和生物圈的界面相交错重叠的表生带内。此带的特点是低温、低压，富水、氧和二氧化碳，生物活动强烈。在地壳深部形成的岩石一旦进入这种表生环境，便发生解体，产生三种物质，即碎屑（机械破碎的矿物和岩石碎屑）、不溶残余（黏土矿物为主）及溶解物质。

总的来说，以崩解方式对岩石进行破碎的物理风化比较次要，而使岩石进行分解和溶解的化学风化则重要得多。母岩的性质、风化作用类型和母岩遭受风化的深度，决定了风化产物的性质及各类产物间数量比。在风化彻底、岩石完全分解的情况下，可提供成熟的沉积物，它们几乎全由风化的最终产物组成，主要是黏土和稳定的矿物碎屑及岩屑。它们在搬运中进一步分选，分别沉积为成分单一的沉积物。相反，风化程度较低，产生的沉积物成分复杂，形成稳定的和不稳定的矿物碎屑、岩屑、重矿物和黏土的混合堆积。

搬运和沉积作用　母岩风化产物除少数残余在原地并组成风化壳外，大部分都要被搬运走。由于风化产物的性质不同，搬运和沉积的方式也不同。一种是碎屑物质的搬运和沉积，称为机械搬运和沉积作用；另一种是溶解物质的搬运和沉积，称为化学和生物化学搬运和沉积作用。

平均流速与碎屑颗粒搬运和沉积的关系

碎屑物质进行机械搬运和沉积，主要受力学定律的支配。①泥砂的搬运方式，如水介质中，当砂和泥一类的碎屑物质大部分以滚动、挪动和跳跃方式沿底部运动的推移质携运；少部分则以水中呈悬浮状随水流移动的悬移质携运时，这就是牵引流的搬运方式。许多河流、风、湖或海的波浪及一些海流和湖流都是这样搬运物质的。当被搬运的物质很多，如成为浓度很大的碎屑和水的混合物时，就成为高密度流或重力流（或块状流），如泥石流、浊流等。搬运中的流速与粒度的关系可用图解表示。图中始动流速曲线表示推动一给定粒度的颗粒所需的最小流速，沉积临界流速曲线表示一给定颗粒开始沉积的最大流速。粒径大于2毫米的砾石的始动流速与沉积临界流速相差很小，即流速变化很小，砾石即刻可改变其搬运或沉积状态，故在自然界砾石难以长距离搬运。小于0.06毫米的颗粒的始动流速与沉积临界速度相差很大，即流速有较大变化，颗粒仍可携行，故粉砂和泥质一经搬运，即可长期悬浮而不易沉积。0.6～2毫米间的颗粒的始动流速最小，故砂粒在流水搬运中最为活跃。②流体的搬运和沉积作用，碎屑颗粒在流水中的搬运和沉积，主要与水的流动状态（层流或紊流、急流或缓流）以及水的流速与深度等有关。可以被流水搬运走的沉积物表层称为床沙。流体的搬运有牵引流和重力流的搬运。

牵引流是使颗粒呈推移状搬运的水流。河流、波浪流、潮汐流、沿岸流（发生于破波带向陆方向地带的平行于海岸的水流）、滨岸流（发生于破波带向海方向地带的平行于海岸的水流）、等深流（发生在外陆棚及斜坡上的平行于海岸线的水流）均属于牵引流性质。在牵引流中，当流速大于颗粒始动流速时，颗粒可以沿床沙表面移动或滚动。流体经过颗粒表面时，产生上浮力。如重力对颗粒的作用小于（或近乎小于）此上浮力，则颗粒可以跃起，并随流水向前跳跃，此即跳跃式搬运或间歇悬浮式搬运。滚动、挪动及跳移都是牵引流的重要搬运方式。由颗粒组成的床沙受到流水推力，必产生与之对应的反作用力，即产生一种阻抗。这种阻抗在床沙表现为粗糙度增加，呈现形如洗衣用的搓衣板状。流水作用于床沙的力愈大，床沙产生出的阻抗愈大，即所表现出的床沙粗糙度愈强。在形态上

出现一系列不同类型的几
何形体，称之为床沙形体
或底形。沉积物经牵引流
搬运，在床沙上即沉积物
表面造成的不同形状的床
沙形体系列为：下平坦床
沙—沙纹—沙波—过渡型

非黏性流体流过一个柱体时的流动状态

沙波—上平坦床沙—逆行沙波。它们保存在层面上便是各种波痕，埋藏下来的内部形态便是各种交错层理。

重力流是一种高密度的碎屑和水或大气的混合流体，颗粒在重力流中呈悬浮状运移。重力流分为两种。一种是水下沉积物重力流，包括浊流、液化沉积物流、颗粒流和碎屑流。在浊流中支撑颗粒的力是涡流的浮力，颗粒流中支撑颗粒的力是颗粒间碰撞而产生的推力，液化沉积物流中支撑颗粒的力是向上的粒间流，而在碎屑流中支撑颗粒的力则是杂基的强度。另一种是大气重力流包括火山喷发时在空中形成的热灰云和火山口附近形成的热气底浪沉积及火山灰流。重力流沉积分选性很差，无大型交错层理，常呈块状及粒序构造，重力流常见于大陆的冲积扇、深湖和深海或半深海环境中。在浅海带还可因强烈的飓风造成具有密度流性质的风暴流。

风具有牵引流性质，其密度很小，所搬运的颗粒粒度受到局限，主要是粉砂和泥，但因泥质可在大气中长期悬浮，故风携运的沉积物主要是粉砂和一部分极细砂。在特殊情况下，如火山爆发时喷出的大量火山灰也可在空气中形成密度流。

母岩风化后转入溶液的物质包括胶体物质和真溶液物质，常见的胶体化合物有 Al_2O_3、Fe_2O_3、MnO、SiO_2、黏土矿物、磷酸盐矿物等。当胶体在搬运过程中失去稳定性时，胶体物质就会发生凝聚作用，又称作絮凝作用。在重力的作用下，在合适的环境里，逐渐沉积下来。促使胶体发生凝聚和沉积的因素有：带有不同性质电荷的胶体相遇、溶液中有电解质的加入、胶体溶液浓度增大以及 pH 值的变化。此外，放射线照射、毛管作用、剧烈的振荡，以及大气放电等，都可导致胶体凝聚。氯、硫、钙、钠、镁、钾等多呈离子状态溶解于水中，即呈真溶液状态搬运，有时铁、锰、硅和铝也可呈离子状态在水中搬运。可溶物质的溶解、搬运和沉淀与其溶解度有关，就物质本身来说，是与其溶度积常数有关。即在一定温度下，组成该化合物的离子浓度（在水中）的乘积大于溶度积时沉淀，小于时则溶解。如硬石膏的溶度积为 6.1×10^{-5}，当溶液中 $[Ca^{2+}]$、$[SO_4^{2-}]$ 离子浓度的乘积等于或大于此值时，硬石膏即析出；小于此值时，则硬石膏溶解。此外，介质的 pH 值、Eh 值、温度、压力，以及 CO_2 含量等，也影响可溶物质的溶解、搬运与沉淀。各种物质从溶液中沉淀出来都有一定的 pH 值条件。尤其是 pH 值对氢氧化物和氧化物的影响较大，Eh 值对于变价元素如铁、锰等的影响较大。温度与蒸发作用（压力大小）可以改变化学反应的进行方向和溶液浓度，对于碳酸盐和盐类的影响较大。

　　胶体物质和某些真溶液物质如磷酸盐和碳酸盐及一些铁质矿物等，当从溶液中析出后，也可能以颗粒形式经过机械搬运再沉积。此时，这些沉积受水动力即物理因素控制，表现出与碎屑沉积物相同的沉积特征，这些颗粒称为异化颗粒。生物在沉积和沉积演化的各阶段大都参与了作用，特别是晚前寒武世以来，有愈来愈重要的意义。生物通过自己的生机活动，直接或间接地促使化学元素、有机或无机的各种造岩造矿物质进行分解、化合、迁移、分散与聚集作用，并在适宜的场所促使形成岩石和矿床。

　　冰由于密度大，可携带包括从巨砾至砂和泥各种粒级的沉积物，无论在大陆或海中，冰碛物均表现出分选极差和成分复杂的特征。地下水也可搬运泥砂颗粒，大都在已沉积的颗粒间进行。其搬运距离小、数量小，但常可形成一些特殊构造，如示底构造、渗滤砂沉积等，可作为鉴别层序及成因的标志。重力的搬运和沉积作用在大陆和海洋条件下，可造成如崩塌堆积物、生物礁塌积物等。雨水的冲溅、天体对地球的撞击，均可造成局部的短暂的搬运和沉积。生物的搬运也是一种较普遍的形式，在沉积岩中常可看到生物的生机活动所留下的遗迹，称为遗迹化石。生物的搬运量不大，但常可造成有成因判别意义的构造。

沉积分异作用　沉积作用总体上讲，包括风化、搬运和沉积几个阶段，但它们不是截然分开的。如在搬运中也可遭受风化，而搬运与沉积的相互转化，则更是经常发生的。在沉积演化的整个过程中，都贯穿着元素（有时是某些物质）的迁移、分异及掺和作用。所谓分异作用，指在沉积岩形成作用全过程中母岩及其风化产物的组成物质按照物理和化学性质相互分离的作用。对于岩石和矿床的形成来说，分异作用具有很大意义。从大的阶段来看，可以划分出三种分异作用，即风化分异、搬运与沉积过程中的沉积分异和沉积物埋藏以后的沉积期后分异。在风化阶段，由于各种元素的可迁移性不同，形成具有分带性的风化壳矿床。搬运和沉积过程中的沉积分异包括机械的和化学的两方面的作用，作用的结果形成各类碎屑岩（砾岩、砂岩等）、砂矿矿床及某些化学沉淀矿床（石膏、岩盐等）。沉积物埋藏后的元素分异涉及的是化学的和物理化学的，以及生物化学的作用。由于它们所经历的地质时间间隙最长，故可形成一系列有价值的矿床（可燃有机矿床、金属硫化物矿床及许多非金属层控型矿床等）。

第五章　沉积岩类型

［一、碎屑岩］

　　由母岩经物理崩解作用形成的碎屑物质，通过机械搬运、沉积、成岩作用而形成的岩石。全称陆源碎屑岩。如将泥质岩划归这类岩石，则其总量占全部沉积岩的65％～89％。陆源碎屑岩包括4种基本组成部分：碎屑（颗粒）、杂基、胶结物和孔隙。杂基和胶结物又合称为填隙物。它们之间的组合关系，反映了沉积物形成时的流体类型、沉积物的形成过程，以及沉积环境的某些特征。本类岩石按碎屑粒度大小可划分为砾岩（角砾岩）、砂岩、粉砂岩和泥质岩。这些岩石在物质组成、结构、构造，以及岩石组合和岩体特征诸方面均有明显差异。深入研究这些内容对恢复古环境具有重要意义。此外，许多矿产资源，如煤、石油、天然气、地下水、砂矿床、层控矿床，以及若干非金属矿床，都与陆源碎屑岩密切相关。

砾岩 粒径大于2毫米的圆状和次圆状的砾石占岩石总量30%以上的碎屑岩。砾岩中碎屑组分主要是岩屑，只有少量矿物碎屑，填隙物为砂、粉砂、黏土物质和化学沉淀物质。根据砾石大小，砾岩分为漂砾（>256毫米）砾岩、大砾（64～256毫米）砾岩、卵石（4～64毫米）砾岩和细砾（2～4毫米）砾岩。根据砾石成分的复杂性，砾岩可分为单成分砾岩和复成分砾岩。根据砾岩在地质剖面中的位置，可分为底砾岩和层间砾岩。底砾岩位于海侵层序的底部，与下伏岩层呈不整合或假整合接触，代表了一定地质时期的沉积间断。如河北唐山震旦系底部长城统石英岩质砾岩。层间砾岩整合地产于地层内部，不代表任何侵蚀间断。如中国北方寒武系和奥陶系的竹叶状灰岩。

砾岩的形成决定于3个条件：有供给岩屑的源区；有足以搬运碎屑的水流；有搬运能量逐渐衰减的沉积地区。因此，地形陡峭、气候干燥的山区，活动的断层崖和后退岩岸是砾岩形成的有利条件。巨厚的砾岩层往往形成于大规模的造山运动之后，是强烈地壳抬升的有力证据。砾岩的成分、结构、砾石排列方位，砾岩体的形态反映陆源区母岩成分、剥蚀和沉积速度、搬运距离、水流方向和盆地边界等自然条件。愈靠近盆地边界，沉积物的粒度愈大，其中陆源碎屑总含量也愈高。这些对岩相古地理的研究都是非常重要的。此外，古砾石层常是重要的储水层，砾岩的填隙物中常含金、铂、金刚石等贵重矿产，砾岩还可作建筑材料。

不同成因的砾岩，在砾石成分成熟度、粒度分布、形状、圆度表面特征，以及砾石空间排列上都有较明显的差异。按支撑类型、分选性、组构和沉积造物等4个成因标志，可把砾岩划分为6种成因类型。在F.J.裴蒂庄的砾岩和角砾岩的成因分类中首先按碎屑化作用力和碎屑来源，把岩石分为4类，即外力碎屑的、火成碎屑的、压碎碎屑的和陨石的；其次根据碎屑来源，将外力碎屑的分为层外的和层内的；再按杂基多少，进一步把层内砾岩分为正砾岩和副砾岩。

正石英岩质砾岩主要由稳定性高的石英岩和少量的燧石、脉石英等碎屑组成，呈颗粒支撑，填隙物较少，常被硅质胶结。砾石分选性好，圆度高，砾石粒度偏小，砾岩层厚度较薄。石英岩质砾岩常形成底砾岩。中国北方长城系底部有石

石英砾岩

英岩质砾岩。岩屑砾岩的砾石成分大多属不稳定组分，如玄武岩、花岗岩、石灰岩等。岩屑砾岩的砾石粒度较大，砾岩层厚度较大，砾石分选和圆度较差，反映出碎屑搬运不远，常常在盆地边缘或邻近沉积区快速堆积而成。岩屑砾岩多数是大陆成因的。纹层状砾质泥岩含有稀散砾级碎屑，其中杂基具纹层，纹层在较大的砾石处上凸和下凹。这种岩石常与冰碛岩共生。若分散的砾级碎屑嵌入无纹层的杂基中，这种泥岩称为块状砾质泥岩，它主要是水下重力流沉积。若岩块具磨光面和擦痕，则说明为冰川成因。河流砾岩的砾石通常成分复杂，稳定和不稳定的岩屑均可出现，碎屑分选较差，圆度较低，长轴与水流方向垂直，砾石扁平面倾向上游，倾角一般为 $15°\sim 30°$，砾岩体底部常有冲蚀面。滨岸砾岩形成于滨海和滨湖地区，砾石成分单一，多为坚硬岩石，分选好，圆度高，长轴多平行于岸线方向，最大扁平面向海方向倾斜，倾角一般 $7°\sim 8°$。砾岩层通常呈薄的透镜体产出，常与石英砂岩共生，滨海砾岩有含海生生物化石。

按地质作用和形成条件，砾岩还有许多类型。发育在地形高差很大地区的黏度极大的泥石流，沿斜坡下滑而堆积，可形成泥石流砾岩和角砾岩。由河流携运的粗碎屑堆积在山前的山麓斜坡上，可形成扇砾岩和角砾岩。由冰川作用可形成冰碛砾岩和角砾岩。典型的冰碛角砾岩完全没有分选，砾石棱角尖锐，在部分冰碛角砾岩中，具有典型的"丁"字擦痕。

角砾岩是粒径大于 2 毫米的棱角状和次棱角状的角砾占岩石总量 30% 以上的碎屑岩。组成角砾岩的岩屑一般没有经过搬运和搬运距离很小，碎屑分选差，棱角尖锐。角砾岩能很好反映母岩成分和性质，它与母岩关系较砾岩更为密切。按成因，角砾岩可分为残积的、层间的、泥石流的、崩塌的、成岩的、构造的和火山的。在成岩阶段，由于胶体脱水，体积收缩，岩石碎裂成角砾，再被胶结，则可产生成岩角砾岩。如石灰岩洞顶，由于溶解而崩塌，石灰质角砾被钙质或红土所胶结，可形成崩塌角砾岩（洞穴角砾岩）。在碳酸盐岩中，由于含盐层的塑性变形或溶解，导致围岩及夹层白云岩、膏晶白云岩等发生破碎、崩解、堆积胶结成岩，形成盐溶角砾岩。

砂岩　粒径为 0.625～2 毫米的砂占全部碎屑 50％ 以上的碎屑岩。砂岩由碎屑和填隙物组成。碎屑成分以石英为主，其次是长石、岩屑，以及云母、绿泥石、重矿物等。碎屑主要有三个来源：陆源的、盆内的（大部分为碳酸盐砂）和火山源的，其中以陆源的数量最多。砂体和砂岩构成了石油、天然气和地下水的重要储集层。磁铁矿、钛铁矿等砂矿都是重要的沉积矿产。许多砂和砂岩都可应用于磨料、玻璃原料、建筑材料等。

砂岩的化学成分变化极大，它取决于碎屑和填隙物的成分，平均化学成分见表。砂岩化学成分以 SiO_2 和 Al_2O_3 为主，而且 SiO_2/Al_2O_3 值是区别成熟的和未成熟的砂岩的标志。

石英是砂岩的主要矿物碎屑，它在地表条件下最稳定，是大多数砂岩的主要组分。长石含量仅次于石英，有的超过石英。岩屑多半是火山岩岩屑或颗粒较细、成分较为稳定的沉积岩岩屑和变质岩岩屑。砂岩中密度大于 2.87 克/厘米^3 的矿物，称为重矿物，其含量一般不及 1％。根据重矿物的标型特征和重矿物组合（再结合轻矿物组合），对恢复母岩类型、进行地层对比，以及追溯陆源区都是有意义的。

填隙物包括化学胶结物和杂基。胶结物中占绝对优势的是硅质和碳酸盐质。硅质胶结物一般为次生加大石英和晶粒石英，较少见的为玉髓和蛋白石。在碳酸盐胶结物中以方解石较常见，白云石和菱铁矿少见。砂岩中的各种胶结物都各自反映了析出时的物理化学条件，

红色砂岩地貌景观（广东仁化丹霞山）

所以研究胶结物的物质来源、析出顺序和作用的起止时间等是研究岩石形成历史的重要内容。杂基也称基质或黏土杂基，是指小于 0.03 毫米的细粒碎屑和黏土物质，它们是悬移质的沉积产物，能反映搬运介质的密度和黏度，对分析岩石的形成机理有意义。关于杂基成因有多种认识。

除生物成因构造外，几乎所有沉积构造都能在砂岩中出现。

砂岩平均化学成分（253 个砂岩样品综合分析）

组分	含量（%）	组分	含量（%）
SiO_2	78.66	MnO	痕量
Al_2O_3	4.78	CO_2	5.04
Fe_2O_3	1.08	SO_3	0.07
FeO	0.30	Cl	痕量
MgO	1.17	F	
CaO	5.52	S	
Na_2O	0.45	BaO	0.05
K_2O	1.32	SrO	痕量
H_2O^+	1.33	C	
H_2O^-	0.31	热矢量	
TiO_2	0.25		
P_2O_3	0.08	总计	100.41

按砂粒直径通常把砂岩分为粒径为 1～2 毫米的巨粒砂岩、0.5～1 毫米的粗粒砂岩、0.25～0.5 毫米的中粒砂岩、0.125～0.25 毫米的细粒砂岩和 0.0625～0.125 毫米的微粒砂岩。砂岩分类多按成分和结构分类，主要研究各类砂岩所反映的成因意义，如物源区母岩性质、岩石的成熟度、流体性质、地壳运动等。20 世纪 40 年代以来提出了各种三角图分类。F.J. 裴蒂庄 70 年代提出的把砂岩分为净砂岩和杂砂岩的分类方案已逐渐被人们所接受。在中国，多采用刘宝珺等的砂岩三角图分类。

砂岩的主要类型有石英砂岩、长石砂岩和岩屑砂岩。①石英砂岩。石英及硅质岩屑的含量占砂级碎屑总量 95% 以上，仅含少量或不含长石、岩屑和重矿物。碎屑颗粒常以单晶石英为主，磨圆度和分选性都比较好，成分成熟度和结构成熟度都是最高的。杂基少，颗粒支撑。当杂基 ＞15% 时则称石英杂砂岩。常见的胶结物是硅质和碳酸盐质，有时为铁质、硫酸盐、磷酸盐及海绿石。波痕、交错层理发育。岩层厚度不大，岩石常呈浅色。硅质胶结物部分次生加大时称石英岩状砂岩，若全部成为再生石英时，称为沉积石英岩（正石英岩）。石英砂岩主要形成于稳定的大地构造环境，地形准平原化，母岩经长期风化，剥蚀的产物大多在海洋（如海滩）环境下受到波浪和水流强烈簸选和反复磨蚀缓慢沉积而形成。它常与碳酸盐沉积共生，组成石英砂岩－浅海碳酸盐岩建造，如华北地台北半部的上前寒武系石英砂岩。②长石砂岩。长石碎屑含量占砂级碎屑总量25％以上，石英含量＜75％，可含少量岩屑、云母和重矿物。碎屑颗粒一般分选、磨圆中等。胶结物主要为碳酸盐质和铁质，常含泥质杂基。当杂基＞15％时，则属长石杂砂岩。长石砂岩常呈浅黄、肉粉或绿灰等色。长石砂岩按其形成条件可分为构造长石砂岩、基底长石砂岩和气候长石砂岩。长石砂岩的形成一般是在构造运动比较强烈的地区，由富含长石的母岩如花岗岩或花岗片麻岩类，在气候干燥寒冷、以物理风化为主条件下，经强烈侵蚀和快速堆积而成的。大多为大陆沉积，缺少海成的。常堆积于山前或山间盆地中。曾发现许多长石砂岩形成于大陆裂谷中。河北唐山震旦系产有长石砂岩，其中长石含量可超过50％。③岩屑砂岩。岩屑含量占砂级碎屑总量25％以上，石英含量＜75％，并可含少量长石及云母，重矿物含量较高，而且种类复杂。碎屑颗粒的磨圆度和分选性由中等到差。泥质杂基较多，胶结物可为硅质和碳酸盐质。当杂基＞15％时，则属岩屑杂砂岩。常呈浅灰、灰绿至深灰色。岩屑砂岩是一种成分成熟度和结构成熟度均较低的砂岩，主要形成于

石英砂岩地貌景观（湖南武陵源）

构造变动强烈地带的山前或山间拗陷中。这类岩石可以是海成的，也可以是陆成的。岩屑砂岩中，还有一种硬砂岩，又称杂砂岩或灰瓦克。它是一种暗色坚硬的岩石，主要由各种棱角状岩屑（包括基性喷发岩、浅变质岩、砂质页岩和凝灰岩等）以及石英和长石碎屑组成，常含大量黏土杂基（15%～40%），经成岩作用和初级变质后，黏土杂基通常变为伊利石、绢云母和绿泥石的集合体。碎屑颗粒分选差、圆度低，呈杂基支撑。常发育某些典型原生沉积构造，如槽模、粒序层理等。各种碎屑的含量变化很大，如石英可有5%～40%的变化，岩屑亦可达30%～40%，长石有时可超过岩屑。碎屑组分有三类：第一类为火成岩和高级变质岩矿物，主要为石英和长石，伴有辉石、角闪石等；第二类为变质岩和沉积岩屑，后者常为燧石岩屑；第三类为基性熔岩和凝灰岩岩屑，其中富含细碧类岩屑。硬砂岩有两种类型：岩屑硬砂岩和长石硬砂岩。硬砂岩的化学成分特点是富含 Al_2O_3、FeO、MgO 及 Na_2O。Na_2O 含量与钠长石有关，MgO 和 FeO 是由杂基中富镁铁绿泥石所致。$Na_2O > K_2O$、$MgO > CaO$、$FeO > Fe_2O_3$ 是硬砂岩与长

石英砂岩

石砂岩在化学成分上的区别。硬砂岩在地质记录中，特别是在较老地层中是丰富的，成为复理石层系的重要组成部分，经常和海相页岩及板岩成互层，并与水下熔岩流和燧石岩相共生。在碰撞造山带，它们常富含钠长石或过渡为火山硬砂岩。在张裂大陆边缘的硬砂岩以富含岩屑为特征。硬砂岩主要是海相的，代表造山带的产物，在稳定的克拉通地区通常没有硬砂岩。但在中国中新生代陆相地层中却存在大量硬砂岩，它们富含岩屑，特别是火山岩屑，产于中新生代的大陆裂谷湖盆中。

粉砂岩是粒径为 0.0625～0.0039 毫米的粉砂占全部碎屑 50% 以上的碎屑岩。按颗粒大小，粉砂岩又可分为粒径为 0.0625～0.015 毫米的粗粉砂岩和粒径为 0.015～0.0039 毫米的细粉砂岩。粉砂岩的主要碎屑成分是石英，还有长石、云母、绿泥石、黏土矿物和多种重矿物，很少岩屑。粉砂岩中的碎屑颗粒一般为

棱角状，圆化的少见，这是因为颗粒太小，不易磨圆。填隙物常为泥质及钙质或铁质。粉砂岩常具薄的水平层理及显微水平层理，以及小型沙纹状交错层理、包卷层理等。粉砂岩形成于弱的水动力条件下，常堆积于潟湖、湖泊、沼泽、河漫滩、三角洲和海盆地环境。

粉砂岩

　　泥质岩　粒径小于 0.0039 毫米的细碎屑含量大于 50％、并含有大量黏土矿物的沉积岩。又称黏土岩。疏松的称为黏土，固结的称为泥岩和页岩。泥质岩是分布最广的一类沉积岩。地球表面大陆沉积物中的 69％ 是页岩，在整个地质时期所产生的沉积物中，页岩占 80％。因此，泥质岩的系统研究，对地壳物质成分的演化，追溯地壳表层的发展史，推论古沉积环境都非常重要。大多数泥质岩是母岩风化产物中的细碎屑，呈悬浮状态被搬运到水盆地中，以机械方式沉积而成。由铝硅酸盐矿物的分解产物在原地堆积或在水盆地中通过胶体凝聚作用而形成的泥质岩比较少见。因此，从形成机理来看，泥质岩应属于陆源碎屑岩。

　　泥质岩的物理性质，如可塑性、耐火性、烧结性、吸附性、吸水性等被广泛应用于各种工业中。在黑色页岩、碳质页岩中，发现了含镍、钼、钒、铅、铂、钯、铈、钇等元素的矿床。

　　泥质岩主要由黏土矿物组成，其次为碎屑矿物如石英、长石，少量自生非黏土矿物（包括铁、锰、铝的氧化物和氢氧化物、碳酸盐、硫酸盐、硫化物、硅质矿物），以及一些磷酸盐等。此外，还含有不定量的有机质。黏土矿物主要包括高岭石族、蒙脱石族和伊利石族矿物。它们的晶体结构、化学成分、物理性质均不相同，其成因也各异。高岭石是在雨量充沛排水良好和酸性水中形成的，为热带和亚热带的典型产物。蒙脱石通常由火山玻璃蚀变而来，常见于碱性土壤中。在埋藏成岩作用中，蒙脱石将转变成伊利石。伊利石是数量最多的黏土矿物，大部分来源于先成页岩，也是深埋页岩的主要组分，其中伊利石常与绿泥石共生。

　　泥质岩的化学成分主要取决于它的矿物成分和吸附离子的成分和含量。泥质

岩的化学成分以 SiO_2、Al_2O_3 和 H_2O 为主。页岩的平均化学成分含量（％）为：SiO_2 58.10，Al_2O_3 15.40，Fe_2O_3 4.02，FeO 2.45，MgO 2.44，CaO 3.11，Na_2O 1.30，K_2O 3.24，CO_2 2.63，C 0.80，H_2O 5.00。

泥质岩常见结构有：①泥质结构，主要由小于 4 微米的颗粒组成，因而岩石致密均一。当含粉砂和砂时，则形成各种过渡类型结构，如粉砂泥质结构、砂泥质结构等。②鲕粒和豆粒结构，黏土质点围绕核心凝聚而成，直径小于 2 毫米的称鲕粒，大于 2 毫米的称豆粒，常见于胶体成因的黏土岩中。③同生砾屑结构，黏土物质沉积后，尚未完全固结，受到流水冲刷形成砾屑，又被黏土物质胶结而成。黏土岩的构造分宏观构造和显微构造。宏观构造中最显著的是由于黏土矿物的定向排列所呈现出的剥裂性，在页岩中最常见。常见的显微构造有：由极细小的鳞片状黏土矿物杂乱分布而成的鳞片构造，多见于泥岩中；由纤维状黏土矿物错综交织而成的毡状构造和由片状黏土矿物定向排列而成的定向构造。常在静水环境中形成，也可以是压实作用的结果。

泥质岩的主要岩类有下列几种：①高岭石黏土（岩），又称高岭土，因首先发现于中国江西景德镇附近的高岭村而得名。主要由高岭石组成，质纯者其含量可达 90％以上，其次是埃洛石和伊利石，混入物有石英、长石、云母、黄铁矿、菱铁矿和有机质等。岩石多呈白、灰等色。致密块状或疏松土状，有滑腻感，可塑性低，黏结性小，耐火度高。主要作造纸、橡胶、耐火和陶瓷工业的原料。高岭石黏土（岩）可分为风化残积型和沉积型。风化残积型的著名产地有江西景德镇、湖南衡阳等地；沉积型的可由 SiO_2 和 Al_2O_3 胶体在酸性介质中凝聚而成，也可由风化残积型高岭土（岩）的侵蚀破坏产物，以机械方式而成。中国晚古生代和部分中生代含煤岩系中沉积型高岭土（岩）的储量远大于风化残积型高岭土（岩），著名产地有河北唐山、山东淄博等地。中国许多煤田中发现有一种高岭石泥岩，是一种优质高岭土矿床。在高岭石泥岩中，发现了高温石英、透长石以及自形锆石、磷灰石和褐色黑云母等矿物，结合其地质产状，使人们相信，火山灰降落，后经蚀变是这类高岭石泥岩的形成机理。②蒙脱石黏土（岩），主要由蒙脱石组成，常含少量白云母、绿泥石、碳酸盐矿物、石膏、有机质以及未分解的火山凝灰物质等。岩石常呈白、粉红、淡绿、浅黄等色。吸水性、可塑性和黏结性强。按其工艺性能和用途，又分为膨润土（又称斑脱岩）和漂白土。膨润土是一种以蒙脱石为主要成分的黏土，具有极强的吸水性，吸水后体积可膨胀 10～

高岭岩

30 倍，还具有很强的阳离子交换性能。按化学成分可分为钠基膨润土和钙基膨润土。漂白土是一种胶质黏土，成分与膨润土相似，但钙多、钠少，吸附性能强，在精炼石油产品及精制矿物油和植物油时，作为脱色剂或漂白剂。中国主要产地有吉林舒兰，浙江余杭、临安，江苏江宁，新疆托克逊等地。蒙脱石黏土（岩），是在碱性介质（pH ＝ 7～8.5）中，由凝灰岩或玻璃质喷出岩在海水或地下水的作用下的分解产物，堆积于原地或沉积于湖泊、海湾以及深海中而成。③伊利石黏土（岩），是以伊利石为主的分布最广的一类黏土（岩），但经常含有其他黏土矿物，以及石英、长石、云母等碎屑和有机质。岩石常呈灰、黄褐等色，水平层理发育。由于常含较多杂质，一般仅作粗陶瓷制品及制砖瓦原料。伊利石黏土（岩）在大陆及海洋环境中均可生成。地层时代越老，其相对含量也越高，这与成岩作用有关。④泥岩和页岩，泥岩是块状的不具纹理或页理的泥质岩，页岩是具纹理或页理的泥质岩。这两种岩石的成分以伊利石为主，此外常含其他黏土矿物和一些碎屑矿物及某些自生矿物。按混入物的化学成分，又可划分：含 $CaCO_3$（小于 25％）的钙质泥岩或钙质页岩；含铁离子铁质泥岩或铁质页岩；富含 SiO_2（含量可达 85％以上）的硅质泥岩或硅质页岩；含大量碳化有机质的，碳质泥岩或碳质页岩；含较多有机质和细分散的硫化铁而显黑色的黑色泥岩或黑色页岩。黑色页岩中常有各种金属元素，有时达工业品位。富含生物，可成生油岩系。黑色页岩是在不寻常的缺氧条件下形成的。含一定数量干酪根（大于 10％）的页岩，称为油页岩，可从中提取若干有用气体和焦油。

泥质岩在成岩阶段主要发生压实作用和矿物成分的转变。软泥中富含水，多者达总体积的 70%～90%。在上覆地层的压实作用下，排出大部分的水。因此，在埋深1000米左右，泥质沉积物仅含 30% 的水，此时已形成泥质岩。随着埋深加大，发生不同程度的脱水作用，最后泥质岩中只剩下百分之几的水。矿物成分的转变主要是由于埋深增加而温度逐渐升高所致，蒙脱石在地温 75～95℃时开始变成混层黏土（如蒙脱石－伊利石），地温增至 150℃以上时，逐渐转化为伊利石和绿泥石。高岭石在 100℃以上时，当孔隙溶液中 $[K^+]/[H^+]$ 比值升高时，转变成伊利石。当过渡到初始变质(温度为 200～300℃，压力为 1×10^8～2×10^8 帕)时，可出现叶蜡石和浊沸石。随着初始变质程度的加强和继之而来的低级变质作用，最后，伊利石被绢云母和绿泥石代替。因此，研究黏土矿物在成岩作用中的转变，可以提供重要的地热信息，指示石油的生成、保存和煤级的变化。

[二、碳酸盐岩]

沉积形成的碳酸盐矿物组成的岩石的总称。主要为石灰岩和白云岩两类。碳酸盐岩和碳酸盐沉积物从前寒武纪到现代均有产出，分布极广，约占沉积岩总量的 20%～25%。碳酸盐岩本身就是有用矿产，如石灰岩、白云岩及菱铁矿、菱锰矿、菱镁矿等，广泛用于冶金、建筑、装饰、化工等工业。碳酸盐岩中可储集有丰富的石油、天然气和地下水。世界上碳酸盐岩型油气田储量占总储量的 50%，占总产量的 60%。与碳酸盐岩共生的固体矿产有石膏、岩盐、钾盐及汞、锑、铜、铅、锌、银、镍、钴、铀、钒等。

矿物成分　主要由文石、方解石、白云石、菱镁矿、菱铁矿、菱锰矿组成。现代碳酸钙沉积主要由文石、高镁方解石及少量低镁方解石组成。低镁方解石最稳定，文石次之，高镁方解石最不稳定。后两者在沉积后易转变成低镁方解石。因此，古代岩石中的碳酸盐矿物多是低镁方解石及白云石。碳酸盐矿物的结晶习性和晶体特征与形成环境有关。碳酸盐岩中混入的非碳酸盐成分有：石膏、重晶石、岩盐及钾镁盐矿物等，此外还有少量蛋白石、自生石英、海绿石、磷酸盐矿物和有机质。常见的陆源混入物有黏土、碎屑石英和长石及微量重矿物。陆源矿物含量超过 50% 时，则碳酸盐岩过渡为黏土岩或碎屑岩。

碳酸盐岩成分分类三角图

结构　包括下列四种：①粒屑结构，一般是经过波浪、潮汐和水流等作用或重力流作用的搬运、沉积与成岩而成的碳酸盐岩常具有的结构，其由粒屑（或颗粒）、泥晶基质（或灰泥杂基）、亮晶胶结物构成。盆内颗粒有内碎屑、骨粒、鲕粒与豆粒、核形石、团粒及团块等。内碎屑按粒径大小分为：砾屑（＞2毫米）、砂屑（2～0.062毫米）、粉屑（0.062～0.032毫米）、微屑（0.032～0.004毫米）和泥屑（＜0.004毫米）。砾屑的排列方位、粒度组成和分选性是分析碳酸盐沉积物沉积环境的重要标志。由核心体和碳酸盐沉积物同心层组成的粒径小于2毫米的球形或椭球形的颗粒为鲕粒。鲕粒形成于动荡的高能浅水，如浅滩、潮汐沙坝等。由富藻纹层围绕核心体组成的包粒为核形石（藻包粒），形成于中等高能浅水环境。由泥晶碳酸盐矿物组成、不具内部构造、表面光滑的球状、椭球状颗粒称球粒或团粒，是生物作用使灰泥球粒化而成的，常出现于潮坪之中。外形不规则的复合颗粒集合体为团块及凝聚颗粒等。骨粒包括钙质生物骨屑与化石，其显微结构，按方解石（文石）晶体的空间形成，分为由光性方位不一致的三向大致等轴的粒状方解石（文石）集合体组成的粒状结构，广泛见于低等生物中；由平行或放射状排列，一向延长的细柱或纤状方解石（文石）晶体组成的纤（柱）状结构，为刺胞动物、节肢动物、轮藻藏卵器的主要结构；由厚度小于1～2微米、近于平行的方解石（文石）薄片叠积而成的片状结构，常见于软体动物、腕足类、苔藓虫或蠕虫栖管中；全部或局部由一致消光的方解石单一晶体或双晶组成的单晶结构，是棘皮动物的主要特征。钙质生物化石的显微结构有从粒状—纤(柱)状—片状—单晶结构的演化趋势。生物的类型与丰度、生物颗粒的大小、分选与磨圆，可提供重要的环境标志。泥晶基质，主要由微晶方解石（原始沉积为文石）组成，粒度小于 0.03 毫米，是与颗粒一起沉积的。泥晶基质的存在，表明沉积物沉积环境的水动力较弱。微晶方解石可由颗粒经机械磨蚀作用提供、生物遗体解离出来、$CaCO_3$ 过饱和溶液化学沉淀而成。亮晶方解石胶结物，亦称亮晶胶结物，是粒间孔隙之中化学沉淀的方解石，粒度大于 0.03 毫米。由亮晶方解石胶结的粒屑结构，说明颗粒是在水动力较强的高能环境中沉积而成的。②生物骨架结构，指原地生长的群体生物，如珊瑚、苔藓虫、海绵、层孔虫等坚硬钙质骨骼所形成的格架。另外，一些藻类，如蓝藻和红藻，其黏液可以黏结其他碳酸盐组分，形成黏结骨架。③晶粒结构，根据碳酸盐矿物晶粒绝对大小可分为巨晶、极粗晶、粗晶、中晶、细晶、极细晶、微晶和泥晶。也可根据晶粒自形程度分为自形晶、半自形晶和它形晶。④残余结构，是由于交代作用或重结晶作用不彻底，在白云石化灰岩及重结晶灰岩中常具有石灰岩的各种残余结构。如残余鲕状结构、残余生物结构、残余内碎屑结构等。

除上述结构外，碳酸盐岩还发育孔隙结构，包括：①原生孔隙，形成于沉积同生阶段，如粒间孔隙、遮蔽孔隙、体腔孔隙、生物钻孔、窗格和层状空洞等；②次生孔隙，形成于成岩及后生作用的溶解改造，如粒内、铸模、晶间及其他溶蚀孔隙。

沉积构造　包括生物成因构造和特殊构造：①生物成因构造，如由蓝绿藻形成的叠层构造，表现为富藻纹层与富碳酸盐纹层交互叠置。不同类型的叠层构造可反映形成环境的水动力条件的强弱；由生物活动形成的各种虫孔和虫迹构造，可指示生物特征及活动情况。②特殊构造，如毫米级大小的、常呈定向排列的、多为方解石或硬石膏充填的形似鸟眼的鸟眼构造，主要出现于潮上带；碳酸盐沉积物充填在碳酸盐岩孔隙中形成的示顶底构造，表现为孔隙下部首先充填暗色的泥晶或粉晶方解石，其后上部为浅色的亮晶方解石或盐类矿物充填，二者界面平直，并平行于水平面，此构造可判断岩层顶部。岩层断面上呈锯齿状曲线（缝合线），它在平面上是一个起伏不平的面。一般认为缝合线是在压溶作用下形成的。还有与碎屑岩相似的构造。

主要类型　①成分分类，采用白云石、方解石和非碳酸盐矿物的三端员图解，将碳酸盐岩分为 8 种类型。②结构成因分类，可将碳酸盐岩分成亮晶颗粒灰岩、泥晶颗粒灰岩、泥晶灰岩（正常化学岩）、原地礁灰岩、交代白云岩等类型。

成因　碳酸盐岩是自然界中重碳酸钙溶液发生过饱和，从水体中沉淀形成。现代和古代碳酸盐沉积主要分布于低纬度带无河流注入的清澈而温暖的浅海陆棚环境以及滨岸地区。这是因为碳酸盐过饱和沉淀需要排出 CO_2 气体，海水温度升高和海水深度变小都有利于水中 CO_2 分压降低，促进重碳酸钙过饱和沉淀。另外，温暖浅海环境，生物发育，藻类光合作用均需要吸收 CO_2，也促进 $CaCO_3$ 的饱和和沉淀。底栖和浮游生物还通过生物化学和生物物理作用直接建造钙质骨骼，形成生物碳酸盐岩。机械作用在碳酸盐岩形成中占有重要位置。在浅海带中一经沉淀的碳酸盐沉积物就受到水动力带能量的改造、簸选和沉积分异，形成以机械作用为主的碳酸盐颗粒滩、坝沉积体。同时，波浪、潮汐流、风暴流搅动海盆地，促使海水中 CO_2 迅速释放，由新鲜的水流带来充分的养料，加速生物繁殖，因而使碳酸盐沉积。

在有陆源沉积物输入的浅海盆地，碳酸盐沉积受到排斥和干扰，形成不纯的泥质和砂质碳酸盐岩。在有障壁的潟湖和海湾，常常因海水中 Mg^{2+} 浓度增加，形成高镁碳酸盐岩和白云岩。在大陆湖泊碳酸盐岩中的颗粒中也可有内碎屑、鲕粒陆生生物骨粒等。淡水的河流、湖泊和泉水中，有一些皮壳状的碳酸盐岩如钙泉华、石灰华。在干旱或半干旱区，碳酸盐过饱和时常常形成钙结岩。

石灰岩　主要由方解石组成的碳酸盐岩。简称灰岩。常见的沉积岩。古代石灰岩则是由低镁方解石组成。石灰岩成分中经常混入有白云石、石膏、硬石膏、菱镁矿、黄铁矿、蛋白石、玉髓、石英、海绿石、萤石、磷酸盐矿物等。此外还常含有黏土、石英碎屑、长石碎屑和其他重矿物碎屑。现代碳酸钙沉积物由文石、高镁方解石组成。

石灰岩的分类主要有两种：一种是化学成分的分类，多被化工等部门采用；另一种是结构多级分类，多被地质、石油等部门采用。

20世纪50年代末至60年代初提出的石灰岩结构分类主要有：①福克分类，该分类是以异化颗粒、泥晶基质、亮晶胶结物为三角图的三端员组成，将石灰岩划分为亮晶粒屑灰岩、泥晶粒屑灰岩和以泥晶方解石为主的泥晶灰岩。此外还划分出原地礁灰岩和重结晶灰岩。②顿哈姆的结构分类，是以颗粒和泥晶（或灰泥）为两端员组分的分类。将石灰岩分为4类，即颗粒灰岩、泥晶质颗粒灰岩、颗粒质泥晶灰岩、泥晶灰岩。③中国学者的结构成因分类方案。

按结构成因石灰岩主要分为以下类型：①颗粒灰岩。由颗粒组分形成的石灰岩。大部分颗粒组分如内碎屑、骨屑、鲕粒以及部分团粒和团块都是明显经过水流搬运作用形成的，但是一部分团粒、团块的形成并没有水流作用。因此，有人主张用异化粒表示此类石灰岩。内碎屑灰岩和鲕粒灰岩通常由亮晶胶结，主要堆积于高能环境，如波浪和水流作用很强的开阔滨浅海陆棚区的沙嘴、沙坝、浅滩等沉积单元。团粒灰岩等一般堆积在低至中等能量环境中，如广阔的潮坪及相邻的潟湖。②泥晶灰岩。由无黏结作用的泥晶方解石组成的石灰岩。现代海相碳酸盐泥沉积物简称灰泥，其可由碳酸盐颗粒磨蚀成的最细的产物组成；也可由藻类死亡解体，释放的大量文石针沉积物组成；还可由从水体中化学沉淀出来的细晶（泥晶）沉淀物组成。它们都属于静水和低能带环境的产物。③叠层灰岩。主要由分泌黏液的藻类（蓝、绿藻），通过捕集、黏结碳酸盐颗粒物质形成的岩石。因为它不是靠石化钙藻形成的，所以又称隐藻黏结灰岩。一般具有水平叠层构造的叠层灰岩主要产出于潮上和潮间低能环境。具有柱状叠层构造的叠层灰岩生成环境的水动能较强，主要是潮间带下部及潮下带上部的产物。④凝块灰岩。为无隐藻纹层的凝块状石灰岩。隐藻凝块体虽无内部纹层，但是具有叠层石的宏观外貌和类似向上生长的构造。与叠层灰岩相比，表面粗糙而欠光滑，常呈疙瘩状、皱纹状或麻点状。凝块的内部显微组构为不均匀云雾状和海绵状，偶尔显不清楚的同心纹层。有时在凝块中有少量钙藻（葛万藻、附枝藻）微细丝状体，并含少量碎屑颗粒。凝块之间有亮晶方解石、细粒方解石沉积物充填。凝块灰岩的产出环境比较宽广，从潮间带至较深的潮下带。⑤骨架灰岩。又称生物礁灰岩。一种造骨架的碳酸盐生物构筑体。骨架将碳酸岩沉积物黏在一起，形成固定在海底上的坚硬的具有抗浪性的碳酸盐岩礁。造骨架的生物有珊瑚、石枝藻、层孔虫、窗格状的苔藓虫和厚壳蛤类等，并形成不同的生物骨架灰岩。古代的骨架灰岩随着地质历史和生物演化而变化。每一个时期都有它特有的组合：寒武纪以古杯和钙藻为主；中、晚奥陶纪以苔藓虫、层孔虫、板状珊瑚为主；志留纪和泥盆纪以层孔虫、板状珊瑚为主；晚三叠纪和晚侏罗纪以珊瑚、层孔虫为主；晚白垩纪以厚壳蛤类为主；渐新世、上新世和更新世以六射珊瑚为主。骨架灰岩通常在海底形成一个隆起，超出于同期沉积物。隆起块体有点礁、礁丘、环礁、层状礁等，其形成和规模，决定于海水深度、温度、地形、盆地的升降速度以及海进海退变化等。⑥白垩。一种细粒白色疏松多孔易碎的石灰岩，质极纯，其 $CaCO_3$ 含量大于97%，矿物成分主要为低镁方解石，可含少量黏土矿物及细粒石英碎屑，生物组分主要是颗石藻（2～25微米）和少量钙球。白垩生成于温暖海洋环境，其沉积深度从几十米到几百米。⑦结晶灰岩。泛指由结晶方解石或重结晶方解石组成的石灰岩。大部分结晶灰岩都是原生石灰岩经成岩重结晶作用改变了原生颗粒组分和生物黏结组分而形成的。因此，大部分结晶灰岩就是重结晶灰岩。重结晶灰岩可以不同程度的

石灰岩形成的石林（云南石林）

石灰岩形成的峰林（广西桂林）

保留变余的原始结构构造特征。结晶灰岩也有原生的，如大陆地表泉水、岩洞或河水由蒸发作用形成的石灰华和钙泉华。石灰华是一种致密的带状钙质沉淀物，通常呈不规则块状构造的钟乳石和石笋，发育有从溶液中依次沉淀的方解石或文石晶体所组成的皮壳状纹层，多产出于石灰岩洞穴表面。钙泉华专指地表上海绵状多孔疏松的方解石或文石晶体沉淀物，多呈树枝状、放射状或半球状等构造特征，内部常保留有植物茎、叶的痕迹，产出于温泉、裂隙水出露的地表。⑧钙结岩。一种发育于干旱或半干旱地区土壤和细砂中的富石灰质沉积物，呈同心环带的似枕状体。

石灰岩的构造有叠层构造、鸟眼构造、缝合线构造等。

石灰岩主要用于混凝土骨料和铺路基石，制造水泥和石灰，冶金工业中作熔剂，环保中用于软化饮用水及污水处理，农业中作土壤调节剂、家禽饲料添加剂，还可用于轻工、化工、纺织、食品等工业。由于石灰岩易溶蚀，在石灰岩发育地区，常形成石林、溶洞等优美风景区，如中国贵州、广西、云南、湖南等省区，是宝贵的旅游资源。

白云岩　以白云石为主要矿物组成的碳酸盐岩。是提炼金属镁的原料，并用作炼铁添加剂。

白云岩的成分有理论白云石、原白云石、淡水白云石和盐水白云石：①理论白云石是 $Ca^{2+} : Mg^{2+} = 1$ 的有序结构白云石，古代地层中的白云石多属于这种白云石。②原白云石是 $Ca^{2+} : Mg^{2+} > 1$ 的结构有序性较弱的白云石，主要产出于现代沉积中。在地表常温常压下原白云石稳定，不容易向理论白云石转化。③淡水白云石是淡水和低盐度地下水中缺乏离子竞争和结晶缓慢而形成的有序结构白云石。这类白云石发现于现代河流、淡水湖泊、洞穴沉积及土壤硬壳中。④盐水白云石是高盐水环境中 Mg^{2+} 浓度高，结晶很快时形成的 $Ca^{2+} : Mg^{2+} < 1/10 \sim 1/5$ 的无序结构白云石。

白云岩的类型按形成阶段分为三类：①同生白云岩，是沉积成岩作用早期或准同生形成的泥晶白云石组成的白云岩，组构均匀致密，粒度通常小于 0.03 毫米，层位稳定，发育细微层理，常具有鸟眼构造、膏盐假晶，很少含化石，无白云石交代方解石的迹象。②成岩白云岩，是成岩过程中碳酸钙被镁离子交代而形成的岩石。白云岩多呈细晶结构，白云石为 0.1 ~ 0.01 毫米的粒状不规则菱形晶，晶粒常呈浑浊状，含较多碳酸钙残余包体或具云雾状核心结构，常可见到白云石交代碳酸钙颗粒及生物壳体的痕迹，成岩白云岩通常为似层状、透镜状产出，与石灰岩接触界线不规整。③后生白云岩（又称次生白云岩），是已固结成岩的石灰岩再经镁离子交代而形成的白云岩。具明显不均匀的交代结构，白云石粒径粗大，而且大小不一，发育自形菱面体和环带构造。岩石多孔隙，层理不明显，仅可见残余构造和生物残骸。后生白云岩体与周围未受白云石化的石灰岩呈突变接触关系。

白云岩成因一直是地质学中的一个难题。几乎所有人工合成白云石实验证明，只有在高于 200℃温度条件下才能合成有序的理论白云石。在 200 ~ 120℃间合成的大都是无序的原白云石。20 世纪 60 年代有人认为，用提高温度、增加试剂浓度、降低反应速度的方法，可以控制白云石的结晶程度和有序性。近代沉积白云石已经在巴哈马的安德罗斯岛、美国南部的佛罗里达海峡、澳大利亚东南沿海的库隆潟湖、波斯湾南岸卡塔尔－阿布扎比潮坪等地陆续发现。近代白云石沉积物以有序性不好的原白云石为主，主要形成于 0～3 米的潮上带或出现在潮间和潮下带，pH 大于 9 以上和比正常海水盐度高 5～8 倍的咸化水中。从热力学平衡理论上看，不可能从海洋水中直接沉淀有序白云石，因此提出先生成 $CaCO_3$ 矿物，被溶液中 Mg^{2+} 交代形成白云石的各种白云石化作用理论，如渗滤回流作用、蒸发泵作用、调整白云石化作用和混合白云石化作用等理论。此外还有淡水白云石成因说。厚度巨大的层状白云岩的成因有待进一步研究。

泥灰岩　通常指由粉屑及泥晶碳酸盐与黏土矿物混合组成的一种松软、易碎的较新的沉积岩。常呈灰、黄、绿等色，也有深色的。碳酸盐成分占 30％～70％，矿物主要为方解石，白云石、文石少见，菱铁矿更少。黏土矿物有伊利石，蒙脱石、高岭石不常见。副组分有石英、海绿石、长石、磷灰石族、铁矿物、有机质等。有时全无陆源碎屑。显微镜下可见方解石为碎屑状。海相的常有有孔虫壳及颗石碎片。细密，宏观上一般不显层理，成岩后可呈次贝壳状断口。分布广泛的海相泥灰岩常含原地生成的化石和微体化石的残体，说明其沉积于安静海盆，有些还远离大河入海口。与三角洲有关的泥灰岩从其中生物来看，形成时水深不大。淡水泥灰岩以缺少海相动物群为其特征，但可含有介形虫、旋圈虫等，有许多藻类并显示藻类的构造。湖相属安静浅水环境产物。泥灰岩可作水泥辅料及土壤肥料。

［三、化学沉积岩］

铝质岩　富含氧化铝和铝硅酸盐矿物的化学沉积岩。又称铝土岩或铝矾土。Al_2O_3 含量大于 40％，Al_2O_3/SiO_2 值大于 2.5 的铝质岩称为铝土矿。铝质岩中主要含铝矿物有三水铝石、一水硬铝石和一水软铝石（勃姆石）。常含有高岭石和伊利石。此外还含自生矿物菱铁矿、方解石、沸石、氧化铁和氢氧化铁等。铝质岩一般具胶体结构，矿物颗粒细小，常小于 0.01 毫米；常有内碎屑结构及鲕状、豆状等结构。铝质岩可具葡萄状、块状、凝块状构造，有时成角砾状凝块结合体构造。

铝和铁一样都是原岩风化过程中趋于稳定的元素，因此铝质岩常常出现在原岩风化壳滞留带中。中、基性火成岩或巨厚石灰岩经风化，残留的 Al_2O_3 进入水盆地沉淀而形成铝质岩，未经远程搬运而在原地或近地堆积则形成红土型铝土矿。固结成岩后再次溶塌堆积的铝土矿是一种特殊的铝质岩。

铝质岩按成因可概略地分为下列两类：①残积铝质岩，产于基性岩和中基性岩的强烈风化带。著名的牙买加及邻区的红土型铝土矿属于这种类型，中国福建和海南岛也有这类铝质岩分布。②沉积铝质岩，具有层位稳定的特点，一般分布于碳酸盐岩侵蚀面之上。中国的贵州、河南、山西等地的寒武系或奥陶系石灰岩与石炭纪含煤岩系之间的侵蚀面上，广泛发育沉积铝质岩或铝土矿层。一般红土残积型铝质岩是以三水铝石为主要含铝矿物，而沉积型铝质岩是以一水铝石为主要含铝矿物。沉积的铝质岩或铝土矿层，经过岩溶作用塌陷再堆积而成为块状铝质岩或铝土矿是一种特殊的例子，在广西一带存在这类铝质岩。铝质岩、铝土矿或耐火黏土矿等都是制铝工业和冶金工业所必需的矿物原料，也是生产高铝水泥、耐火砖和高级研磨料的原料。

蒸发岩　在封闭、半封闭的环境中，含盐度较高的溶液或卤水由于干旱炎热气候条件下的强烈蒸发作用而形成的化学沉积岩。又称盐岩。蒸发岩中最常见的盐类矿物有天然碱、苏打、芒硝、无水芒硝、钙芒硝、石膏、硬石膏、石盐、泻利盐、杂卤石、光卤石和钾石盐；有的盐湖中还有固体硼砂矿物或含硼、溴、碘的卤水。蒸发岩一般具有结晶结构，有时可再结晶为数毫米甚至数厘米的巨晶结构。一般呈层状构造，往往也具角砾状、泥砾状的次生构造，并可形成盐溶角砾岩。蒸发岩的形成是由于封闭条件下水体蒸发、金属离子和酸根富集的结果。蒸发岩的主要类型有石膏岩 - 硬石膏岩、钙芒硝岩、石盐岩、光卤石岩和钾石盐岩等。由于不同地区或不同成岩时代陆地水和海水的化学性质不同（如氯化物型、硫酸盐型和混合型等），产生了含不同盐类矿物组合的现代盐湖和不同盐类组成的古代盐类矿床。中国青海柴达木盆地中的察尔汗盐湖，沉积了光卤石矿层，青海和西藏的一些盐湖中有硼矿沉积，内蒙古、新疆的一些现代盐湖中天然碱相当丰富，河南吴城发现了古代的固体天然碱矿床，云南勐野井存在由钾石盐组成的固体钾盐矿层。加拿大、俄罗斯、白俄罗斯和德国有很大储量的钾石盐矿床，是世界范围内的钾肥矿产供应地。泰国和老挝有古代的固体光卤石矿床。中国盐湖或与固体盐层有关的地下卤水含有多种稀有元素，如硼、溴、碘、铯、锂等，都具有综合利用价值，西藏的盐湖中发现了含锂和铯的沉积矿物。

蒸发岩中的石盐用于提炼钠，制造钠盐，制造氯气、盐酸；钾盐用于制造钾肥；石膏、硬石膏主要用作建筑材料、制造水泥的添加剂和造纸填料；工业上用芒硝制取硫酸钠、硫酸铵和硫酸，可用于制革、造纸、染料、人造纤维、医药及冶金等多种部门；天然碱用来制纯碱和烧碱。

可燃有机岩　燃烧时能产生热量的沉积岩。又称化石燃料岩。按其主要化学成分的构成可概括为两类：①以碳、氢化合物为主体的，如石油、天然气、地蜡或地沥青等；②以碳、氢、氧为主体的，如泥炭、煤和油页岩等。可燃有机岩主要是凝胶状结构，有时可出现具有植物细胞的显微结构，例如煤中的丝炭结构等。

石油和天然气不是固体岩石，但其形成过程中或其演变物都是包含在沉积岩中的，例如油页岩，经过蒸馏可提取出石油产品，因为油页岩中除了包含黏土和粉砂等碎屑成分外，还包含有碳氢化合物的凝胶组分，以及腐泥质和腐殖质衍生的官能团与孢子等壳质组分在一起构成干酪根。有的油页岩含干酪根丰富，在沉积地层中形成了石油、天然气的发源地，因此也称为油母页岩。煤一般是成层状构造的可燃有机岩，油页岩成页片状或块状构造，地沥青等则是不规则裂隙充填状构造。可燃有机岩由植物或微体生物衍变产生，经过成岩作用或石化作用由碳氢化合物衍变而形成。岩石类型包括煤（褐煤、烟煤、无烟煤）、油页岩、地沥青。在成因上与可燃有机岩类似或外表相像的还有三种沉积岩：①碳质页岩，经常与煤层互层，其中可包含植物的根、茎、叶碎片，外表呈黑色，也可产生不大于 2000 卡 / 克的发热量（1 卡 ≈ 4.19 焦），灰分高达 80％以上。②石煤，多由低等植物或藻类构成，含灰分在 40％以上，石化程度高，发热量小于 2000 卡 / 克，常伴生铀、钒等稀有元素。③黑色页岩，几乎不具发热量，但也含有机炭、稀有元素和稀有金属等，海相沉积的黑色页岩分布广，常与磷质岩或硅质岩共生。可燃有机岩可作能源与化工原料，是发展交通燃料、化纤工业和石化工业的基础。

［四、特殊沉积岩岩类］

风暴岩 在风暴影响下在海洋和水盆地中形成的沉积岩。过去所称的浪成浊积岩实属风暴岩。风暴岩是一种密度流沉积，但常含很多风浪破坏下伏的正常天气沉积物所产生的撕裂片或内碎屑，还有被破坏的生物碎屑等。海洋中飓风等风暴可掀起涌浪，造成大范围海面升高，海水流速增大，波浪传播加深；近岸的风暴潮常比正常高潮高出数米，潮差可比一般的大潮差大一倍多；波浪传播的深度常达几十米以上，远远超过好天气的正常浪基面的深度，甚至还引发近 200 米深的外陆架的底流。风暴潮退潮可产生向海密度流，携有陆架边缘的沉积物质至潮下或陆架上形成粒级递变层或在浅处形成具有丘状、洼状等交错层理的沉积层。

风暴作用特点是不但有高速流动，还有强的往复运动，方向时常改变，或有旋卷，而能量则在不太长时间内很快衰减。所以，风暴作用常将底部细物质簸出，常使风暴流形成密度流，在风暴衰减期迅速沉积。早期风暴作用对下伏沉积有侵蚀作用，形成侵蚀基底面，有冲蚀和侵蚀坑，形成充填构造。同时还可挖掘出浅埋藏物质，尤其是生物体，使其与底部物质混合，并形成混杂的生物组合。底部的大而重的个体生物在风暴作用中还可聚集成滞留层。常见的风暴岩如风暴介壳岩，所含介壳大部分是破碎的、少量为完整的，形成介壳灰岩、介壳砂岩、介壳粉砂岩等。多腕足类、双壳类、软体动物和海百合茎等化石，常具混杂的特征。组成的岩层厚几毫米到几厘米，或达十多米，常呈透镜状、口袋状。多位于侵蚀硬底上。寒武系的层内常有砾屑灰岩、竹叶状灰岩等。其刚性扁平内碎屑常呈杂乱状或涡卷状排列，无一定方位，表明受强烈振荡水流影响。

平流岩　由平流沉积物或原有沉积物经平流改造而形成的沉积岩。又称平积岩、等深岩。由于极地的冷水下沉而产生的重冷水流，从极地沿海底向外流动，在地球自转的影响下，导致这些深而冷的水流沿海盆西侧集中，这些沿海底斜坡下部的等深线成水平流动的冷而重的底流即称平流或等深流。平流成因的沉积岩一般多为砂、泥质平流岩和碳酸盐质平流岩等，常产于复理石等深水相层系中。与浊积岩相比，平流岩的特点为：①层较薄，一般厚度小于 5 厘米；②有向上变粗和变细的粒序和突变的底界和顶界；③普遍有平行纹理和往往呈单向的交错纹理，纹理由经淘积的重矿物或深水有孔虫壳而显示；④以粒度较细的砂、粉砂级沉积物为主，基质含量较低，常低于 5%。

一般砂质平流岩则可能是由浊流等带入底流活动区的先成沉积产物经平流部分或全部改造再沉积而成，泥质平流岩可能是平流长期搬运过程中沉积形成的。颗粒的良好分选性、长轴常有的顺平流方向排列的定向性，表明平流有牵引流性质。现代的泥质平流沉积物以粉砂和黏土为主，具薄层理，类似湖相层理，但较模糊。碳酸盐质平流沉积物以分选好的细粒骸骨砂等颗粒为主组成。很多研究证实，海底平流广泛存在，有一些深海沉积物或属平流沉积或被平流改造，故平流对深海沉积有重大影响。鉴别深海沉积物中的平流沉积和远洋相地层中的平流岩的研究工作日益受到重视，尤其从浊积岩层系中识别出平流岩，正确认识复理石等深海性沉积地层有重要意义。

浊积岩　浊流沉积形成的各类沉积岩的统称。常见的有硬砂岩质浊积岩、内碎屑灰岩质浊积岩，还有多种浊流成因的岩石类型。典型浊积岩的特征如下：①较粗砂级浊积岩常有粒级递变层理。这种层理特征为由下向上变细，但各部分分选都不好，都有极细的充填物质。由水流逐渐减弱形成的向上变细的层理称分选层理，以各部分分选均好，底部较粗粒部分没有极细粒成分，可以区别于浊流型的递变层理。②浊积砂岩及粉砂岩层段，不发育大、中型交错层理和不保存波痕。

但可有波纹交错层理，常发育变形层理。主要反映浊流密度较高和沉积较迅速。③浊积岩层的底面上常发育各种突出形状的底面铸模。最突出的特征为槽模。浊流头部富粗物质，流速大，有较强的侵蚀力，常在流经底部泥质表面时形成一系列有方向性的各种伸长形态的冲槽，而短时间即被砂级等浊积物充填，因而在砂岩层等底面形成这种铸模，而且其窄而低的一端指

鲍马层序

向上游。还常见由于迅速而整体沉积的浊积砂在底部软泥上的不均匀荷重而形成不规则的荷重模，有些砂还深陷软泥中形成泥岩层中的荷重囊。还有浊流底部携带的硬物体在稍硬化的泥底上拖曳或跳跃形成各种零星的铸模，如沟模、跳模等。④浊积砂岩的岩石类型多系暗色富泥质基质的硬砂岩，显示深水性、浑浊和迅速沉积的特征。⑤浊积岩中的粗碎屑一般不形成砾岩；因富泥、砂，仅形成含砾泥岩、含砾砂岩，有时还有含砾屑灰岩等。

广义的浊流沉积体系和浊积岩还包括一些滑塌沉积和伴生的一些其他沉积物重力流沉积。命名为滑塌浊积岩或滑动浊积岩等。还有浅水区风暴浪形成的浪成浊积岩，但现在往往归入风暴岩中。这些所谓的浊积岩或浊流沉积体系中的其他沉积物重力流沉积等均分布不广，岩性上往往有各自的沉积特征或有部分典型浊积岩的特征。但其粗碎屑一般也较少，难形成真正的砾岩，而多为砾质泥岩、砾质砂岩、砾屑质灰岩，以及含砾泥岩、含砾砂岩、含砾屑灰岩等。

A.H.鲍马根据复理石中极其发育而且分布范围广的典型浊积岩层的研究，把浊积岩单元分为5个段，通常称为鲍马层序或鲍马序列。其图中自下而上为：A为正粒级递变段，由较粗的含砾砂岩或碎屑灰岩等组成，向上略细的正递变层理发育，还常发育各种底面铸模，以槽模为特征；B为下部中粒质平行纹层段，系高流态下的平层底形形成，表示浊流已具牵引流性质；C为水流波纹纹层段，或称变形纹层段；D为上部细粒质水平纹层段，纹层由清晰到不清楚，反映流速

变缓；E 为泥质段，上部可能为泥灰质。实际上很少见到完整的鲍马层序，鲍马认为浊流依次呈圆锥状沉积，近基浊积岩常发育完整序列，远基浊积岩下部层序依次缺失。高密度流一般为阵发性的，前一次浊流沉积的上部可被后一次浊流所侵蚀。因而，鲍马又区分出三种层序或序列类型：缺失底部的序列、削蚀顶部的序列、底部缺失和顶部削蚀联合序列。

　　1950 年后数年中，学者们曾认为在造山带分布广的砂岩、页岩互层的复理石中只有砂岩属浊积岩，而页岩为远洋、半远洋沉积，但后来逐渐证明浊积岩序列中的细粒层同样是浊流成因，属浊流的尾部。有些研究者着眼于广义的浊流沉积体系，建立广义的以典型浊流沉积为主的序列。

　　典型的浊积岩层常在侧向上异常稳定，分布面积可达 1 万～10 万平方千米以上。在活动带累积厚度很大，可达数百至万米，有些被称作复理石。虽然因富泥质、分选差，或还受些变质而储集性欠佳，但因多频繁互层，在油田中常形成较好的生储盖组合，在美国已有数十亿桶石油产自浊积岩储层。浊积岩及现代浊流沉积中还有储量巨大的深海性矿产（如铁、锰、镍、钴等）资源远景。

第六章 变质岩岩石学

［一、变质岩］

组成地壳的三大岩石类型之一。火成岩或沉积岩受变质作用形成的岩石，约占地壳总体积的27％。在变质作用中，由于温度、压力、应力和具有化学活动性流体的影响，在基本保持固态条件下，原岩的化学成分、矿物成分和结构构造发生不同程度的变化。变质岩的主要特征是这类岩石大多数具有结晶结构、定向构造（如片理、片麻理等）和由变质作用形成的特征变质矿物如红柱石、蓝晶石、十字石、堇青石、蓝闪石、硬柱石等。

化学成分　变质岩的化学成分与原岩的化学成分有密切关系，同时与变质作用的特点有关。在变质岩的形成过程中，如无交代作用，除 H_2O 和 CO_2 外，变质岩的化学成分基本取决于原岩的化学成分；如有交代作用，则既决定于原岩的化学成分，也决定于交代作用的类型和强度。变质岩的化学成分主要由 SiO_2、Al_2O_3、Fe_2O_3、FeO、MnO、CaO、MgO、K_2O、Na_2O、H_2O、CO_2 以及 TiO_2、P_2O_5

等氧化物组成。由于形成变质岩的原岩不同、变质作用中各种性状的具化学活动性流体的影响不同，因此变质岩的化学成分变化范围往往较大。例如，在岩浆岩（超基性岩－酸性岩）形成的变质岩中，SiO_2含量多为35%～78%；在沉积岩（石英砂岩、硅质岩）形成的变质岩中，SiO_2含量可大于80%；而原岩为纯石灰岩时，则可降低至零。

矿物成分　变质岩除含有石英、长石、云母、角闪石、辉石、碳酸盐类等主要造岩矿物外，与岩浆岩和沉积岩相比，变质岩中常出现铝的硅酸盐矿物(红柱石、蓝晶石、夕线石），复杂的钙镁铁锰铝的硅酸盐矿物（石榴子石类），铁镁铝的铝硅酸盐矿物（堇青石、十字石等），纯钙的硅酸盐矿物（硅灰石等）及主要造岩矿物中的某些特殊矿物（蓝闪石、绿辉石、文石、硬玉、硬柱石等）。变质岩的矿物成分，决定于原岩成分和变质条件（温度、压力等）。如原岩为硅质石灰岩，主要成分为$CaCO_3$和SiO_2，经变质作用可能出现的矿物是：石英、方解石、硅灰石、甲型硅灰石、灰硅钙石等。而变质条件则决定一定的原岩经变质作用后，具体出现什么矿物或矿物组合，如原岩为硅质石灰岩，在热接触变质作用中，如压力为10帕、温度低于470℃时，形成石英和方解石；当温度高于470℃时，则形成方解石和硅灰石或石英和硅灰石。在变质岩中，把具有同一原始化学成分而矿物共生组合不同的所有变质岩，称为等化学系列；而把在同一变质条件下形成的具有不同矿物共生组合的所有变质岩，称为等物理系列。在有交代作用的情况下，变质岩的矿物成分，除决定于原岩和变质条件外，还与交代作用的性质和强度有关。

变质岩的矿物成分，按成因可分为：稳定矿物、不稳定矿物（残余矿物）。不稳定矿物和稳定矿物之间，常具有明显的置换关系。根据矿物稳定范围，变质岩的矿物成分还可分为：①特征矿物，稳定范围较窄，反映变质条件比较灵敏的矿物，如绢云母、绿泥石、蛇纹石、浊沸石、绿纤石等，常为低级变质矿物；蓝晶石、十字石（中压）、红柱石、堇青石（低压），常为中级变质矿物；紫苏辉石、夕线石，常为高级变质矿物；蓝闪石、硬柱石、硬玉、文石，常为高压低温矿物等。

②贯通矿物，可以在较大范围的温度、压力条件下形成和存在的矿物，如石英、方解石，当这类矿物单独出现时，一般不具有指示变质条件的意义。

结构构造　变质岩的结构是指变质岩中矿物的粒度、形态及晶体之间的相互关系，而构造则指变质岩中各种矿物的空间分布和排列方式。

变质岩结构按成因可划分为下列各类：①变余结构，由于变质结晶和重结晶作用不彻底而保留下来的原岩结构的残余。如变余砂状结构、变余辉绿结构、变余岩屑结构等，根据变余结构，可查明原岩的成因类型。②变晶结构，岩石在变质结晶和重结晶作用过程中形成的结构，如粒状变晶结构、鳞片变晶结构等。按矿物粒度的大小、相对大小，可分为粗粒（＞3毫米）、中粒（1～3毫米）、细粒（＜1毫米）和等粒、不等粒、斑状变晶结构等；按变质岩中矿物的结晶习性和形态，可分为粒状、鳞片状、纤状变晶结构等；按矿物的交生关系，可分为包含结构、筛状结构、穿插变晶结构等。变晶结构是变质岩的主要特征，是成因和分类研究的基础。③交代结构，由交代作用形成的结构，如交代假像结构，表示原有矿物被化学成分不同的另一新矿物所置换，但仍保持原来矿物的晶形甚至解理等内部特点；交代残留结构，表示原有矿物被分割成零星孤立的残留体，包在新生矿物之中，呈岛屿状；交代条纹结构，表示钾长石受钠质交代，沿解理呈现不规则状钠长石小条等。交代结构对判别交代作用特征具有重要意义。④碎裂结构，岩石在应力作用下，发生碎裂、变形而形成的结构，如碎裂结构、碎斑结构、糜棱结构等。原岩的性质、应力的强度、作用的方式和持续的时间等因素，决定着碎裂结构的特点。

变质岩构造按成因分为：①变余构造，指变质岩中保留的原岩构造，如变余层理构造、变余气孔构造等；②变成构造，指变质结晶和重结晶作用形成的构造，如板状、千枚状、片状、片麻状、条带状、块状构造等。

分类　按变质作用类型和成因，把变质岩分为下列岩类。①区域变质岩，由区域变质作用所形成，如板岩、千枚岩、片岩、片麻岩、绿片岩、角闪岩、麻粒岩、榴辉岩、蓝闪石片岩等。②热接触变质岩，由热接触变质作用所形成，如斑点板岩、角岩等。③接触交代变质岩，由接触交代变质作用所形成，如各种夕卡岩。④动力变质岩，由动力变质作用所形成，如压碎角砾岩、碎裂岩、碎斑岩、糜棱岩等。⑤气液变质岩，由气液变质作用形成，如云英岩、次生石英岩、蛇纹岩等。⑥冲击变质岩。由冲击变质作用所形成。在每一大类变质岩中可按等化学系列和等物理系列的原则，再做进一步划分。原岩类型和变质作用性质是变质岩分类的两个主要基础，但原岩类型的复杂性和变质作用类型的多样性，给变质岩的分类带来许多困难。以变质作用产物的特征（变质岩的矿物组成、含量和结构构造）进行分类，是主要趋势。

分布　变质岩在地壳内分布很广，大陆和洋底都有，在时间上从太古宙至现代均有产出。在各种成因类型的变质岩中，区域变质岩分布最广，其他成因类型的变质岩分布有限。区域变质岩主要出露于各大陆的前寒武纪地盾和地块及显生宙各时代的变质活动带（通常与造山带紧密伴生）。区域变质岩在地盾和地块上的出露面积很大，常为几万至几十万平方千米，有时可达百万平方千米以上，约占大陆面积的 18％。前寒武纪地盾和地块通常组成各大陆的稳定核心，而古生代及以后的变质活动带，常常围绕前寒武纪地盾或地块，呈线形分布，如加拿大地盾东面的阿巴拉契亚造山带、波罗的地盾西北面的加里东造山带、俄罗斯地块南面的华力西造山带和阿尔卑斯造山带等。有些年轻的变质活动带往往沿大陆边缘或岛弧分布，这在太平洋东岸和日本岛屿表现明显，它们的分布表明大陆是通过变质活动带的向外推移而不断增长的。在另一些情况下，变质活动带也可斜切古老结晶基底而分布，它们代表大陆经解体而形成的陆内造山带。20 世纪 60 年代以来，还发现在大洋底部的沉积物和玄武质岩石之下，有变质的玄武岩、辉长岩等岩石的广泛分布，它们是由洋底变质作用形成的。由岩浆侵入引起的各种接触变质岩石，仅局限于侵入体周围，分布面积有限，但分布的地区却十分广泛，在不同地质时期和构造单元内均有产出。由碎裂变质作用形成的各种碎裂变质岩，分布更有限，它们严格受各种断裂构造的控制。变质岩在中国的分布也很广，华北地块和塔里木地块主要由前寒武纪早期的区域变质岩和混合岩组成，并构成了中国大陆的古老核心。震旦纪以后的变质活动带则围绕或斜切地块呈线形分布。

　　矿产　变质岩分布区矿产丰富，世界上发现的各种矿产，变质岩系中几乎都有。许多特大型矿床，如金、铁、铬、镍、铜、铅、锌、滑石、菱镁矿等，主要分布于前寒武纪变质岩中，其成因大多与变质岩的形成有关。其他如与夕卡岩有关的铁矿床、铜铅锌等多金属矿床，与云英岩有关的钨锡钼铋铍钽矿床等，也与变质岩的形成有关。

[二、变质作用]

　　原先存在的岩石受物理和化学条件变化的影响，改变其结构、构造和矿物成分，从而变成为一种新的岩石的转变过程。变质作用绝大多数与地壳演化进程中地球内部的热流变化、负荷压力和构造应力等因素密切有关，少数可由陨石冲击地球表面的岩石所产生。变质作用是在岩石基本上保持固体状态下进行的。地表的风化作用和其他外生作用所引起岩石的变化，不属于变质作用。从早太古宙至现代，都有变质作用发生。在非洲和苏联测得侵入变质岩中的岩浆岩的年龄为 35 亿年，在中国的冀东地区测得斜长角闪岩的年龄为 35 亿年，在格陵兰测得变质岩的年龄为 38 亿年，说明在早太古宙时期，已有变质作用发生。在现代岛弧底部和大洋中脊，由于有较高的地热梯度，也正在发生变质作用。

　　变质作用的方式　主要包括下列几种：①重结晶作用，在原岩基本保持固态条件下，同种矿物的再结晶，使粒度加大或减小，但不形成新的矿物相的作用。如石灰岩变质成为大理岩。②变质结晶作用，在原岩基本保持固态条件下，原有矿物发生部分分解或全部消失，同时形成新的矿物的过程。这种过程一般是通过特定的化学反应来实现的，又称为变质反应。在矿物相的变化过程中，多数情况是各种组分发生重新组合。③变质分异作用，成分均匀的原岩经变质作用后，形成矿物成分和结构构造不均匀的变质岩的作用。如在角闪质岩石中形成以角闪石为主的暗色条带和以长英质为主的浅色条带。④交代作用，有一定数量的组分被带进和带出，使岩石的总化学成分发生不同程度的改变的成岩成矿作用。岩石中原有矿物的分解消失和新矿物的形成基本同时，它是一种逐渐置换的过程。⑤变形和碎裂作用，在浅部低温低压条件下，多数岩石具有较大的脆性，当所受应力超过一定弹性限度时，就会碎裂。在深部温度较高的条件下，岩石所受应力超过弹性限度时，则出现塑性变形。

变质作用的因素　主要是温度、压力和具化学活动性的流体等。温度的改变是引起变质作用的主要因素，多数变质作用是在温度升高（一般温度范围为 $200 \sim 900℃$）的情况下进行的。热能主要有两种来源：地壳中放射性同位素衰变释放的和深部重力分异引发地幔热对流而产生的。

变质作用的压力范围一般为 $0 \sim 2.5 \times 10^9$ 帕以上。根据物理性质，压力分为岩石静压力、流体压力和偏应力。

在变质作用中，岩石中常存在少量流体相，且随变质程度的加强而减少。流体相的成分以水和二氧化碳为主，可含有其他易挥发组分。随着温度和压力的增大，其活动性也随之增强，一般可以起溶剂作用，促进组分溶解，并加强其扩散速度，从而促进重结晶和变质反应，也可以直接参与水化和脱水等变质反应。

上述变质作用因素不是孤立存在，通常是同时出现，互相配合又互相制约。此外，时间也是一个重要因素。某些造山带由于快速折返，退变质反应来不及破坏原来岩石的变质结构，留下许多残余矿物和结构，成为了解变质作用历史的好材料。

变质作用的类型　根据变质岩系产出的地质背景和规模，同时考虑大多数学者的习惯分法，可把变质作用分为局部性的和区域性的两大类别。局部性的变质作用包括下列前 6 个类型。区域性变质作用，一般规模巨大，主要呈面型分布，出露面积从几百到几千甚至上万平方千米，它可分为下列后 4 个主要类型。

接触变质作用一般是在侵入体与围岩的接触带，由岩浆活动引起的一种变质作用。通常发生在侵入体周围几米至几千米的范围内，常形成接触变质晕圈。一般形成于地壳浅部的低压、高温条件下，压力为 $10^7 \sim 3 \times 10^8$ 帕。近接触带温度较高，从接触带向外温度逐渐降低。接触变质作用又可分为2个亚类：①热接触变质作用，主要受岩浆侵入时高温热流影响而产生的一种变质作用。围岩受变质作用后主要发生重结晶和变质结晶，而化学成分无显著改变。②接触交代变质作用，在侵入体与围岩的接触带，围岩除受到热流的影响外，还受到具化学活动性的流体和挥发分的作用，发生不同程度的交代置换，原岩的化学成分、矿物成分、结构构造都发生明显改变，有时还伴生有一定规模的铁、铜、钨等矿产以及钼、钛、氟、氯、硼、磷、硫等元素的富集。

高热变质作用是指与火山岩和潜火山岩接触的围岩或捕虏体中发生的小规模高温变质作用。其特点是温度很高，压力较低和作用时间较短。围岩和捕虏体被烘烤退色、脱水，甚至局部熔化，出现少量玻璃质。有时生成硅镁钙石、斜硅钙石和硅钙石等高温矿物。

动力变质作用是与断裂构造有关的变质作用的总称。它们以应力为主，有的伴有大小不等的热流。可分为3个亚类：①碎裂变质作用，岩层和岩石遭受断层错动时发生压碎或磨碎的一种变质作用，也有人称为动力变质作用（狭义的）、断错变质作用或机械变质作用。一般常发生于低温条件下，重结晶作用不明显，常呈带状分布，往往与浅部的脆性断裂有关。②韧性剪切带变质作用，可以有很大的宽度和长度。一般叠加在区域变质作用产物上的剪切变形往往伴有退化变质作用，其变质程度从低温绿片岩相至高温角闪岩相。③逆掩断层变质作用，主要影响断层下盘和一部分上盘岩石，断层上盘岩石发生快速退化变质作用，而下盘岩石产生快速的增压变质作用，随后又发生热调整使地热梯度缓慢升高，整个岩系相应地发生缓慢的进变质作用，最后岩系底部发生部分熔融并导致晚期侵入体的生成。

冲击变质作用是陨石以很大的速度（ $10 \sim 20$ 千米/秒）降落于地球表面，在很短的时间内（ $10^{-3} \sim 10^{-1}$ 秒），给地球岩石以特大的冲击，使之发生强烈爆炸，产生瞬时高压（$10^{11} \sim 10^{14}$ 帕）、极高温（$\geqslant 10000℃$）和释放出巨大能量，使冲击中心形成巨大的陨石坑。在坑中及其周围岩石中发生变质，生成各种冲击岩。

气液变质作用是具有一定化学活动性的气体和热液与固体岩石进行交代反应，使岩石的矿物和化学成分发生改变的变质作用。气水热液可以是侵入体带来的挥发分，或者是受热流影响而变热的地下循环水以及两者的混合物。在一定条件下，它们可改造岩石中的矿物，形成各种蚀变岩石，并使某些有用元素迁移、沉淀和富集。在气液变质强烈地段往往出现蚀变分带，有利于成矿，可作为一种普查找矿标志。

燃烧变质作用是煤层或天然易燃物由于氧化或外部原因使温度上升而引起燃烧，温度可达 1600℃，影响范围可超过 10 平方千米。可使周围岩石产生重结晶或部分熔化，受变质的泥质或泥灰质沉积岩常裂成碎片或生成烧变岩。这是一种热源来自岩石自身的稀少热变质作用。中国新疆和山西大同的侏罗纪煤田，加拿大北部烟山的白垩系含油砂岩和页岩，都发生过这类变质作用。

区域中、高温变质作用主要见于太古宙地盾或克拉通，常发生在地壳演化的早期，它不同于元古宙以来活动带的变质作用。以单相变质的麻粒岩相和角闪岩相为主，呈面型分布，变质温度，麻粒岩相一般为 $700 \sim 900℃$，角闪岩相一般为 $550 \sim 700℃$，压力一般为（$5 \sim 10$）$\times 10^8$ 帕。重熔混合岩比较发育，英云闪长岩、奥长花岗岩和花岗闪长岩等分布广泛。紫苏花岗岩仅见于麻粒岩相区。构造上表现为穹窿和短轴背斜。中国的华北地台有广泛出露。

区域动力热流变质作用，有人称为造山变质作用。这是在区域性温度、压力和应力增高的情况下，固体岩石受到改造的一种变质作用，它往往形成宽度不等的递增变质带。此种变质作用在地理上以及成因上常与大的造山带有关，如欧洲苏格兰-挪威的加里东造山带，北美的阿巴拉契亚造山带，中国的祁连山造山带等。区域动热变质作用的形成温度可达 700℃，压力为（$2 \sim 10$）$\times 10^8$ 帕，岩石变质后具明显的叶理或片理。常伴有中酸性岩浆活动或区域性混合岩化作用。

埋藏变质作用又称埋深变质作用，也有人称静力变质作用、负荷变质作用或地热变质作用。它是地槽沉积物及火山沉积物随着埋藏深度的变化而引起的一种变质作用，岩石一般缺乏片理。形成温度较低，最高可能为 400～450℃。它的低温部分与沉积岩的成岩作用难以区别，这就是说原岩的结构往往得以保存，新生的矿物与残余矿物往往紧密共生。常见矿物如沸石类、葡萄石、绿纤石、叶蜡石、高岭石等。

洋底变质作用指大洋中脊附近洋壳的变质作用，由于洋底扩张，不断产生侧向移动，使这些变质岩移至正常的大洋盆中，覆盖了大面积的洋底。洋底变质岩大多为基性至超基性成分（玄武岩、橄榄岩等），一般不具片理，基本保留原有结构，其变质相主要是沸石相和绿片岩相。因而这些岩石与埋藏变质岩极为相似。不过洋底变质岩中含有大量热液脉，是海水受到加热产生环流所引起的。

第七章　变质岩类型

［一、千枚岩］

显微变晶片理发育面上呈丝绢光泽的低级变质岩。典型的矿物组合为绢云母、绿泥石和石英，可含少量长石及碳质、铁质等物质。有时还有少量方解石、雏晶黑云母、黑硬绿泥石或锰铝榴石等变斑晶。常为细粒鳞片变晶结构，粒度小于0.1毫米，在片理面上常有小皱纹构造。原岩为黏土岩、粉砂岩或中酸性凝灰岩，是低级区域变质作用的产物。因原岩类型不同，矿物组合也有

千枚岩

所不同，从而形成不同类型的千枚岩。如黏土岩可形成硬绿泥石千枚岩；粉砂岩可形成石英千枚岩；酸性凝灰岩可形成绢云母千枚岩；中基性凝灰岩可形成绿泥石千枚岩等。千枚岩可按颜色、特征矿物、杂质组分及主要鳞片状矿物进一步划分为银

灰色绢云母千枚岩、灰黑色碳质千枚岩及灰绿色硬绿泥石千枚岩等。千枚岩分布很广，可形成于不同地质时代。

[二、片岩]

完全重结晶、具有片状构造的变质岩。片理主要由片状或柱状矿物（云母、绿泥石、滑石、角闪石等）呈定向排列构成。片柱状矿物含量较高，常大于30%。粒状矿物以石英为主，可含一定量的长石，一般少于25%。由于原岩类型和变质作用程度不同，可形成不同的片岩：①云母片岩。主要由云母、石英和中酸性斜长石组成，可出现富铝的变质矿物，如十字石、蓝晶石、铁铝榴石、堇青石及红柱石等。原岩可以是黏土岩、粉砂岩或中酸性火山岩，主要是中级区域变质作用的产物。②钙硅酸盐片岩。岩石中除云母、石英外，以含较多的钙、镁（铁）硅酸盐矿物和少量方解石为特征。原岩主要为泥灰质沉积岩及部分英安质和安山质火山碎屑岩。常为中低级区域变质作用的产物。③绿片岩。主要由绿泥石、绿帘石、阳起石、斜长石和石英组成，一般由基性火山岩经低级区域变质作用形成。④角闪片岩。主要由角闪石和部分石英组成，有时含少量绿帘石、斜长石、黑云母及碳酸盐类矿物。原岩为中基性火山岩或泥灰质沉积岩。主要为中低级区域变质作用的产物。⑤蓝闪石片岩。具有低温高压的矿物组合，如蓝闪石、硬柱石、文石、硬玉等，可含黑硬绿泥石、绿泥石、钠长石、石英及阳起石等矿物。原岩主要为基性火山岩及硬砂岩。⑥镁质片岩。主要由叶蛇纹石、绿泥石、滑石等片状矿物组成，可含阳起石、菱镁矿、石英等矿物。变质程度较高时，可出现透闪石、阳起石、镁铁闪石和直闪石。原岩为超基性岩及部分极富镁的碳酸盐岩。常为区域变质作用的产物。

绿片岩　主要由绿泥石、绿帘石、阳起石、钠长石和石英等矿物组成的、具片状构造的低级区域变质岩。因其主要矿物肉眼均呈绿色，又称绿色片岩。

绿片岩的原岩为基性火山岩、凝灰岩、硬砂岩及铁质白云质泥灰岩等。基性岩典型矿物共生组合有：绿泥石－绿帘石－钠长石－（方解石），阳起石－绿帘石－钠长石，绿泥石－绿帘石－阳起石－钠长石。基性凝灰岩变质的绿片岩中多含黑云母和石英，硬砂岩变来的绿片岩含较多的石英，泥灰岩变成的绿片岩含较多的绿帘石和方解石。绿片岩中的副矿物有磁铁矿，水滴状的榍石和他形粒状的磷灰石。绿片岩进一步命名时，常以最多的暗色矿物作为基本名称，如绿帘绿泥片岩、绿泥阳起片岩等。块状构造的绿片岩常称绿岩。

蓝闪石片岩　以含蓝闪石类矿物为特征的高压变质岩。又称蓝片岩。常见矿物组成有黑硬绿泥石、绿泥石、钠长石、多硅白云母、石英、绿帘石、硬玉和硬柱石，有时含蓝闪石、透闪石、阳起石、黝帘石和石榴子石。一般为细粒粒状鳞片变晶结构，片状构造。原岩主要为基性火山岩和硬砂岩。

蓝闪石片岩

常与绿片岩、榴辉岩等共生。蓝闪石片岩是在低温高压条件下形成的，形成温度在 $250 \sim 400℃$ 之间，压力为 $(0.5 \sim 1) \times 10^9$ 帕。高压可由埋深（地壳的深俯冲、推覆体叠置引起）或超液压（由快速加热产生的液体超压）所引起。蓝闪石片岩常呈不连续和高度变形的带状产出。主要出现于中生代、新生代的高压变质带中，在环太平洋褶皱带的日本、印度尼西亚、新西兰、美国加利福尼亚州、智利等均有分布。有学者认为它们通常作为双变质带的高压部分出现，是大洋板块向大陆或岛弧俯冲到一定深度形成的。在中国主要出现在西藏的雅鲁藏布江缝合带和大别苏鲁碰撞造山带。

白片岩　以蓝晶石和滑石共生为特征的高压变质岩。多呈灰白色或浅褐色，具片状构造。有时肉眼见蓝晶石呈柱状，以 c 轴平行于岩石的线理排列。可含有石英或铁镁铝榴石。蓝晶石和滑石组合是 $MgO-Al_2O_3-SiO_2-H_2O$ 体系中的低温组合，在高温条件下稳定的组合是蓝晶石和铝直闪石、蓝晶石和顽火辉石或夕线石和顽火辉石。一般认为蓝晶石和滑石组合是绿泥石和石英组合脱水反应所生成。水饱和的条件下，蓝晶石和滑石的稳定区是：水压大于 10×10^8 帕，温度为 650～850℃。从白片岩的岩石化学成分判断，它的原岩应是基性火山凝灰岩或富镁泥质岩，但有些变质辉长岩也可出现蓝晶石和滑石的组合。形成白片岩的变质作用多发生在地壳深部，岩压是变质的主导因素，但流体超压亦不容忽视。由于后期的构造抬升，蓝晶石和滑石组合常被低压矿物组合所代替。白片岩不应与过去德文文献中的所谓"白色片岩"相混淆。白色片岩是不含长石，但含少量金云母和镁绿泥石的白云母石英片岩，它是花岗岩和片麻岩经低温剪切变形和交代作用的产物，不属于高压变质岩。

[三、片麻岩]

主要由长石、石英组成，具中粗粒变晶结构和片麻状或条带状构造的变质岩。关于片麻岩的含义及其与片岩的区分标志，各国岩石学家的看法不尽一致。英国和美国主要根据岩石的构造（片状或片麻状）来区分片岩和片麻岩；北欧一些国家主要根据长石含量来区分，长石含量高的为片麻岩，含量低的为片岩。在中国，片麻岩指矿物组成中长石和石英含量大于 50%，其中长石大于 25% 的变质岩。

混合片麻岩

片麻岩的原岩类型和形成条件比较复杂。按原岩主要有下列类型：①富铝片麻岩。由富铝的黏土质岩石经中高级变质作用形成。主要由石英、酸性斜长石、钾长石和黑云母组成，常含夕线石、蓝晶石、石榴子石、堇青石等富铝变质矿物。

当 SiO_2 不足时，可出现刚玉，富碳时可出现石墨。②斜长片麻岩。由中、基性火山岩及火山质硬砂岩经变质作用形成。主要由斜长石、石英及绿泥石、云母、角闪石等组成，可含少量辉石、石榴子石等矿物。常见类型有黑云斜长片麻岩、角闪斜长片麻岩等。③碱性长石片麻岩。由酸性火山岩及长石砂岩经变质作用形成。主要由钾长石、酸性斜长石、石英及少量黑云母角闪石等组成。④钙质片麻岩。由钙质页岩及部分中、基性火山岩和凝灰岩经变质

片麻岩（6cm×8cm，河北张家口）

作用形成。主要由斜长石、石英、云母、角闪石、透辉石、阳起石等矿物组成，可含方解石、白云石、方柱石、钙铝榴石等矿物。片麻岩的进一步命名，可按特征变质矿物、片柱状矿物和长石种类进行，如石榴黑云斜长片麻岩、夕线石榴钾长片麻岩等。

片麻岩在前寒武纪结晶基底和显生宙的造山带中均有大量分布，在世界各大陆如北欧的波罗的地盾、北美洲的加拿大地盾、非洲大陆、印度半岛、澳大利亚和中国的华北陆台等地均有分布。片麻岩中常赋存大量非金属矿产，如石墨、石榴子石、夕线石等。片麻岩可做建筑石材和铺路原料。

[四、变粒岩]

以长石和石英为主、具细粒变晶结构的区域变质岩。其中长石含量大于25%，片、柱状矿物含量小于30%，粒度一般小于0.5毫米。片麻状构造不明显，常有微细层理或条带状构造，有时具韵律构造。粒度增大时，可过渡为片麻岩。片、柱状矿物小于10%时，称浅粒岩。变粒岩是由半黏土质岩石或中、酸性

火山岩，经区域变质作用形成。变粒岩中可有石榴子石、角闪石、辉石等矿物。比较特殊的变粒岩有电气石变粒岩、不含石英的钾长变粒岩和钠长变粒岩、含钙硅酸盐矿物的变粒岩等。变粒岩在中国分布广泛，辽东半岛、山东半岛、河北东部、山西北部等地均有大量出露。其中常有重要的矿产，如硼矿、铁矿、蓝晶石矿及石墨矿等。

石榴变粒岩

[五、角闪岩]

由普通角闪石和斜长石组成的暗色变质岩。又称斜长角闪岩。有时可含少量的石英。绿帘石、绿泥石、黑云母、石榴子石和透辉石可作为其共生矿物而分别出现于角闪岩不同的岩相中。含绿帘石、绿泥石的代表绿帘角闪岩相的岩石；含石榴子石的，代表角闪岩相形成的温度、压力相对较高。含有黑云母或石榴子石的角闪岩，原岩应是贫钙的岩石；含有透辉石和绿帘石的角闪岩原岩必相对富钙。角闪岩的原岩包括基性火成岩和泥灰岩等不纯的石灰岩类。

多数角闪岩具柱粒状变晶结构，块状构造。但在应力作用下，也可出现面理，具片麻状构造。这就与一些含角闪石的片麻岩相混淆，一般地说，颗粒较粗，角闪石的含量低于斜长石的应称为角闪斜长片麻岩。如果角闪石质的岩石中普通角闪石的含量占大多数，斜长石的含量低于10%（体积）者应称普通角闪石岩或称含斜长石的普通角闪石岩。普通角闪石岩是一种超镁铁质变质岩，其中部分是超镁铁质岩浆岩。

角闪岩

角闪岩（斜长角闪岩）广泛分布于前寒武纪的变质岩区或一些变质较深的显生宙的造山带内。在中国山东西部、山西五台和太行山区、河北东部、安徽大别山区等地均有各种类型的角闪岩出露。

［六、石英岩］

主要由石英组成的变质岩。由石英砂岩及硅质岩经变质作用形成。常为粒状变晶结构，块状构造。按石英含量可分为两类：①长石石英岩。石英含量大于75％，常含长石及云母等矿物，长石含量一般少于20％，如长石含量增多，则过渡为浅粒岩。②石英岩。石英含量大于90％，可含少量云母、长石、磁铁矿等矿物。

石英岩

石英岩的原岩可以是单矿物石英砂岩，含泥质、钙质石英砂岩，胶体沉积的硅质岩（包括陆源碎屑溶解再沉积的硅质岩和与火山喷气有关的硅质岩）和深海放射虫硅质岩等。不同原岩形成的石英岩，可根据结构、变晶粒度、副矿物、岩石共生组合及产状等加以区分。例如，由单矿物石英砂岩形成的石英岩粒度较粗，常具典型的平衡的多边形粒状变晶结构，含有较多的锆石等副矿物；由硅质岩形成的石英岩，即使受到高级变质作用，矿物粒度也很少大于0.2毫米，而且具有齿状交生结构，一般不含副矿物。主要用途是作冶炼有色金属的熔剂、制造酸性耐火砖（硅砖）和冶炼硅铁合金等。纯质的石英岩可制石英玻璃，熔炼水晶和提炼结晶硅；用石英岩可作玻璃原料、陶瓷原料和硅酸盐水泥的胶结材料；也可作为建筑用基石。中国北方元古宇长城系底部有大量石英岩分布。

［七、大理岩］

主要由方解石、白云石等碳酸盐类矿物组成的变质岩。因中国云南大理盛产这种岩石而得名，一般常称大理石。在商业上和工艺技术上往往把磨光后能够作装饰用的富钙的岩石（如结晶灰岩、白云岩）和某些蛇纹岩等也称为大理石，但在地质学上大理岩则限于碳酸盐类变质岩。

矿物成分 大理岩是由石灰岩、白云质灰岩、白云岩等碳酸盐岩石经区域变质作用和接触变质作用形成。方解石和白云石的含量一般大于 50%，有的可达 99%。但是除少数纯大理岩外，在一般大理岩中往往含有少量的其他变质矿物。由于原来岩石中所含的杂质种类不同（如硅质、泥质、碳质、铁质、火山碎屑物质等），以及变质作用的温度、压力和水溶液含量等的差别，大理岩中伴生的矿物种类也不同。如由较纯的碳酸盐岩石形成的大理岩中，方解石和白云石占 90% 以上，有时可含有很少的石墨、白云母、磁铁矿、黄铁矿等。在低温高压条件下方解石可转变成文石。由含硅质的碳酸盐岩石形成的大理岩中，在中、低温时可含有滑石、透闪石、阳起石、石英等，在中、高温时可含有透辉石、斜方辉石、镁橄榄石、硅灰石、方镁石等，在高温低压条件下可出现粒硅钙石、钙镁橄榄石、镁黄长石等。由含泥质的碳酸盐岩石形成的大理岩中，在中、低温时可含有蛇纹石、绿泥石、绿帘石、黝帘石、符山石、黑云母、酸性斜长石、微斜长石等，在中、高温时可含有方柱石、钙铝榴石、粒硅镁石、金云母、尖晶石、磷灰石、中基性斜长石、正长石等。

结构构造 大理岩一般具有典型的粒状变晶结构，粒度一般为中、细粒，有时为粗粒，岩石中的方解石和白云石颗粒之间成紧密镶嵌结构。在某些区域变质作用形成的大理岩中，由于方解石的光轴成定向排列，使大理岩具有较强的透光性，如有的大理岩可透光 2 厘米，个别大理岩的透光可达 3～4 厘米，它们是优良的雕刻材料。大理岩的构造多为块状构造，也有不少大理岩具有大小不等的条带、条纹、斑块或斑点等构造，它们经加工后便成为具有不同颜色和花纹图案的装饰建筑材料。

　　颜色　大理岩除纯白色外，有的还具有各种美丽的颜色和花纹，常见的颜色有浅灰、浅红、浅黄、绿色、褐色、黑色等。产生不同颜色和花纹的主要原因是大理岩中含有少量的有色矿物和杂质，如含锰方解石组成的大理岩为粉红色，大理岩中含石墨为灰色，含蛇纹石为黄绿色，含绿泥石、阳起石和透辉石为绿色，含金云母和粒硅镁石为黄色，含符山石和钙铝榴石为褐色等。

　　分布　大理岩分布很广，在世界各地前寒武纪的地盾和地块，中生代、古生代以后的变质地区内均有出露。大理岩往往和其他的变质岩共生，有的呈厚度不等的夹层产出，有的则以大理岩为主夹杂其他的变质岩，厚度可达数百米。含有大理岩地层的同位素年龄距今最大可达 37.6 亿年。中国大理岩的产地遍布全国，其中以云南省大理点苍山为最著名，点苍山大理岩具有各种颜色的山水画花纹，是名贵的雕刻和装饰材料。北京房山大理岩有白色和灰色两种。白色大理岩为细粒结构，质地均匀致密，称为汉白玉；浅灰色大理岩为中细粒结构，并具有各种浅灰色的细条纹状花纹，称为艾叶青。这两种均是优良的雕刻和建筑材料。广东云浮、福建屏南、江苏镇江、湖北大冶、四川南江、河南镇平、河北涿鹿、山东莱阳、辽宁连山关等地都产有各种大理岩。

北京故宫的汉白玉栏杆

用途　大理岩主要用作雕刻和建筑材料。雕刻用的主要是纯白色、细均粒、透光性强的大理岩，透光性强可以提高大理岩的光泽，常用于建造纪念碑、铺砌地面、墙面以及雕刻栏杆等。也用作桌面、石屏或其他装饰，这类用途根据不同的需要可以用纯白色结构均匀的大理岩，也可以用具有各种颜色和花纹的大理岩。大理岩还在电工材料中用作隔电板，这类大理岩要求绝缘性能好，不能含有黄铁矿、磁铁矿等导电杂质。含钙高的大理岩还可作为石灰和水泥原料等。中国是使用大理岩最早和最多的国家之一，在公元前 12 世纪的殷代就有用大理岩雕刻的水牛，北京和中国各地许多著名的古代和现代建筑中都广泛使用了大理岩。天安门前的华表，故宫内的汉白玉栏杆及保和殿后面重达 250 吨的云龙石，人民英雄纪念碑的浮雕，人民大会堂门前的大石柱和宴会厅，北京地下铁道的车站等都是用大理岩装饰而成。

［八、夕卡岩］

主要由富钙或富镁的硅酸盐矿物组成的变质岩。矿物成分主要为石榴子石类、辉石类和其他硅酸盐矿物。细粒至中、粗粒不等粒结构，条带状、斑杂状和块状构造。颜色取决于矿物成分和粒度，常为暗绿色、暗棕色和浅灰色，密度较大。根据成分可分为以下几种：①钙质夕卡岩，是交代石灰岩形成的。主要矿物有石榴子石（钙铝榴石 - 钙铁榴石系列）和辉石（透辉石 - 钙铁辉石系列），有时含有符山石、硅灰石、方柱石、绿帘石、磁铁矿、碳酸盐类矿物和石英。②镁质夕卡岩，是交代白云岩或白云岩化灰岩形成的。标型矿物有透辉石、镁橄榄石、尖晶石、金云母、硅镁石、蛇纹石、韭闪石、硼镁铁矿、磁铁矿和白云石。③硅酸盐夕卡岩，是硅酸盐岩石受交代作用形成的。其成分与钙质夕卡岩相似，最典型的矿物是方柱石。

夕卡岩一般是侵入体附近的碳酸盐岩或硅酸盐岩经接触交代变质作用形成

钙铝榴石夕卡岩

的。其他成因的、具有夕卡岩矿物组成的类似岩石，分别称为：①夕卡岩类，指由不纯的碳酸盐岩石，如泥灰岩、钙质凝灰岩和类似岩石变质而成。②近夕卡岩，指由长石、石英、方柱石或绿帘石组成的并与侵入体一侧的夕卡岩相毗邻的岩石。③似夕卡岩，指矿物组成与夕卡岩相似而成因尚不能确定的岩石。④自反应夕卡岩，指由超基性岩、碱性超基性岩同辉长岩发生钙交代作用而形成的岩石。夕卡岩通常按主要矿物直接命名，如石榴子石夕卡岩、透辉石夕卡岩等。与钙质夕卡岩有关的矿产有铁、钴、铜、铂、钨、钼、铅和锌、金、锡、钪、铌、稀土和铀等；与镁质夕卡岩有关的矿产有硼、铁-锌和金云母等。